KB248026

원자는 어떻게 에너지가 되었을까?

원자는 어떻게 에너지가 되었을까?

원자는 어떻게 에너지가 되었을까?

초판 발행 2026년 01월 10일

지은이 | 아이작 아시모프
옮긴이 | 권혁
발행인 | 권오현

펴낸곳 | 돋을새김
주소 | 경기도 고양시 일산동구 하늘마을로 57-9 301호 (중산동, K시티빌딩)
전화 | 031-977-1854 팩스 | 031-976-1856
홈페이지 | http://blog.naver.com/doduls 전자우편 | doduls@naver.com
등록 | 1997.12.15. 제300-1997-140호
인쇄 | 금강인쇄(주)(031-943-0082)

ISBN 978-89-6167-373-0 (03400)
Korean Translation Copyright ⓒ 2026, 권혁

값 15,000원

원자는 어떻게 에너지가 되었을까?

아이작 아시모프 | 권혁 옮김

돋을새김

인류의 역사에서 과학의 가능성을 이토록 뚜렷하게 보여준 사건은 원자력(atomic power)의 발전밖에 없었다. 지난 200년 동안 사람들은 증기기관, 증기선, 철도 기관차, 자동차, 비행기, 라디오, 영화, 텔레비전 그리고 일반적으로 '기계의 시대'라 불리는 문명의 도래를 목격해왔다. 그러나 그 모든 것 중 어느 것도, 1939년 이후 인류가 원자를 다루며 이룩한 일들만큼 환상적이거나 믿기 어려운 것은 없었다. 앞으로 무엇이 기다리고 있을지는 가늠조차 어렵다. 고갈되지 않는 에너지, 새로운 세계들 그리고 물리적 우주에 대한 끊임없이 확장되는 지식이 그 앞에 놓여 있을지도 모른다.

제1부

원자와 에너지
그리고
전기의 세계

∞ ∞

사실 핵에너지는 인류가 존재한 그때부터 인간을 위해 일해 왔다고 할 수 있다. 실제로 모든 생명체를 위해 봉사해 왔으며, 수십억 년 동안 지구를 가득 채워왔다. 태양이 바로 거대한 핵 기관이기 때문이다. 태양이 내뿜는 온기와 빛은 모두 핵에너지의 산물이다.

하지만 인간이 스스로 핵에너지를 만들어내고 통제하는 방법을 배우기까지(즉, 이번 세기에 이르러서야 가능해진 그 일을 이루기까지)에는 '원자', '전기', '에너지'라는 세 가지 연구 분야가 각각 발전하고 서로 만나야 했다.

먼저 원자부터 살펴보기로 하자.

원자량 ATOMIC WEIGHTS

기원전 그리스 시대만 하더라도, 세상의 모든 물질이 눈에 보이지 않을 만큼 작은 입자들로 이루어져 있다고 생각한 사람들이 있었다. 이 입자들은 보통의 방법으로는 더 이상 쪼갤 수 없다고 여겨졌으며, 그래서 그리스어로 '나눌 수 없다'는 뜻의 단어에서 유래한 이름, 즉 '원자(原子, atom)'라고 불렸다.

그러나 이른바 '원자설'은 1808년에 이르러서야 확고한 토대를 갖추게 되었다. 그해 영국의 화학자 존 돌턴(John Dalton, 1766~1844)은 원자에 대해 자세히 논의한 책을 출간했다. 그는 모든 원소가 각기 고유한 종류의 원자로 이루어져 있다고 주장했다. 한 원소의 원자는 다른 모든 원소의 원자와 다르며, 여러 원자들 사이의 가장 큰 차이는 질량, 즉 무게에 있다고 보았다.(질량(mass)이 올바른 용어이지만, 무게(weight)라는 말이 실제로는 조금 다른 의미임에도 불구하고 너무나 흔히 사용되기 때문에, 이 책에서는 두 용어를 굳이 구분하지 않기로 한다.)

돌턴은 이러한 질량이 어느 정도인지 처음으로 밝히려 시도한 사람이었다. 그는 자신의 어떤 기구로도 원자를 측정할 수 없을 만큼 너무 작았기 때문에, 원자의 실제 질량을 온스나 그램 단위로 알아낼 수는 없었다. 그러나 서로 다른 원자들이 얼마나 무겁거나 가벼운지를, 즉 원자들의 상대적 질량은 알아낼 수 있었다.

예를 들어, 일정한 양의 수소 기체가 언제나 자기 질량의 여덟 배에 해당하는 산소 기체와 결합하여 물을 만든다는 사실을 발견했다. 그는 물이 수소 원자 1개와 산소 원자 1개가 결합한 것으로 이루어져 있다고 추정했다. (이처럼 원자들이 결합한 것을 '분자(分子, molecule)'라 부르는데, 이는 '작은 덩어리'를 뜻하는 그리스어에서 유래한 말이다. 따라서 수소와 산소 원자는 결합하여 '물 분자'를 형성한다고 할 수 있다.)

결합하는 기체들의 질량 차이를 설명하기 위해 돌턴은 산소 원자가 수소 원자보다 여덟 배 무겁다고 판단했다. 편의상 수소 원자의 질량을 1로 정하면, 산소 원자의 질량은 8이 되어야 했다. 이렇게 비교한 수치, 즉 상대적인 수치를 '원자량(atomic weight)'이라 불렀다. 따라서 돌턴이 제안한 것은 수소의 원자량은 1, 산소의 원자량은 8이라는 것이었다. 그는 일정한 양의 산소나 수소와 결합하는 다른 원소들의 질량을 관찰함으로써, 그 원소들의 원자량도 계산할 수 있었다.

돌턴의 생각은 옳았지만, 세부적인 부분에서는 일부 오류가 있었다. 예를 들어, 더 정밀한 연구 결과 물 분자는 산소 원자 1개와 수소 원자 2개로 이루어져 있음이 밝혀졌다. 따라서 물 분자는 H_2O로 표기되는데, 여기서 H는 수소 원자를, O는 산소 원자를 뜻한다.

여전히 일정한 양의 수소가 자기 질량의 여덟 배에 해당하는 산소와 결합한다는 사실은 변함이 없다. 그렇다면 산소 원자 하나의 질량은 수소 원자 두 개의 질량을 합한 것보다 여덟 배 무겁다는 뜻이 된다. 따라서 산소 원자 하나는 수소 원자 하나보다 열여섯 배 무겁다. 수소의 원자량을 1로 두면, 산소의 원자량은 16이 된다.

처음에는 여러 원소들의 원자량이 모두 정수이고, 수소가 그중 가장 가벼운 원소로 보였다. 따라서 수소의 원자량을 1로 정하는 것이 지극히 합리적이었다. 그렇게 하면 다른 모든 원소들의 원자량이 가능한 한 작은 수로 표현되어 다루기 쉬웠기 때문이다.

스웨덴의 화학자 옌스 베르셀리우스(Jons Berzelius, 1779~1848)는 돌턴의 연구를 이어받아, 원소들이 그렇게 단순한 비율로 결합하지 않는다는 사실을 발견했다. 일정량의 수소는 실제로 자기 질량의 여덟 배보다 약간 적은 양의 산소와 결합했다. 따라서 수소의 원자량을 1로 잡는다면, 산소의 원자량은 16이 아니라

15.87이 되어야 했다.

실제로 산소는 수소보다 더 많은 원소와 더 쉽게 결합한다. 또한 산소의 원자량이 다른 원소의 원자량과 비교될 때, 그 비율이 정수로 나타나는 경우가 더 많았다. 따라서 여러 원소의 원자량을 계산할 때, 수소보다 산소의 원자량을 정수로 정하는 편이 더 편리했다. 예를 들어, 베르셀리우스는 1828년에 발표한 원자량 표에서 그렇게 적용했다.

그는 처음에 산소의 원자량을 100으로 정했다. 그러나 이후 가능한 한 모든 원자량을 작게 만들되, 어떤 원자량도 1보다 작지 않게 하기로 했다. 그 결과 산소의 원자량을 정확히 16으로 정했고, 이 경우 수소의 원자량은 1보다 약간 높게 두어야 했다. 수소의 원자량은 1.008이 되었다. 이 체계는 약 한 세기 반 동안 유지되었다.

19세기 내내 화학자들은 원자량을 점점 더 정밀하게 계산해 나갔다. 20세기가 시작될 무렵에는 대부분의 원소에 대해 소수점 둘째 자리, 경우에 따라 셋째 자리까지 원자량이 구해져 있었다.

‘산소=16’이라는 기준을 적용했을 때, 여러 원소의 원자량은 거의 정수에 가까웠다. 예를 들어 알루미늄의 원자량은 약 27, 칼슘은 거의 40, 탄소는 거의 12, 금은 약 197에 이르렀다.

한편 일부 원소들의 원자량은 정수와는 상당히 거리가 있었다. 염소의 원자량은 약 35.5, 구리는 63.5, 철은 55.8, 은은 107.9에 가까웠다.

19세기 내내 화학자들은 많은 원소들의 원자량이 정수인 반면, 다른 원소들은 그렇지 않은지 그 이유를 알지 못했다. 그들은 단지 측정하고 기록할 뿐이었다. 이 현상을 설명하기 위해서는 전기(電氣)에 관한 또 하나의 연구 분야가 완성되기를 기다려야 했다.

전기 | ELECTRICITY

전기의 단위

18세기 내내 과학자들은 전기의 성질에 매료되어 있었다. 당시 전기는 아주 미세한 유체(流體)로 여겨졌으며, 공간을 차지하지 않고도 일반 물질 속을 자유롭게 통과할 수 있는 것으로 생각했다.

그러나 전기는 단지 물질 속을 흘러가는 것에 그치지 않았다. 전기는 물질에 중요한 변화를 일으키기도 했다. 19세기 초, 전류가 흐르면 용액 속에 녹아 있는 서로 다른 원자들이나 원자 집단이 반대 방향으로 이동한다는 사실이 밝혀졌다.

영국의 과학자 마이클 패러데이(Michael Faraday, 1791~1867)는 1832년에 일정한 양의 전기가 여러 가지 서로 다른 원소의 동일한 수의 원자를 방출시키는 듯하다는 사실을 관찰했다. 그러나 어떤 경우에는 예상한 수의 절반만이, 또 다른 경우에는 그보다 적은 3분의 1 정도의 원자만이 방출되기도 했다.

과학자들은 전기도 물질과 마찬가지로 아주 작은 단위들로 이루어져 있을 수 있다고 추측하기 시작했다. 전기가 어떤 분자를 분해할 때, 전기의 단위가 각 원자에 하나씩 달라붙는 것이 아닐까 생각한 것이다. 그렇다면 동일한 수의 전기 단위를 가진 같은 양의 전기는, 동일한 수의 원자를 방출시킬 것이다.

그러나 어떤 원소의 경우, 각 원자가 전기 단위를 두 개 혹은 세 개까지 붙잡을 수 있었다. 그런 경우에는 일정량의 전기가 방출시키는 원자의 수가 평소의 절반, 혹은 3분의 1로 줄어들었다. (즉, 18개의 전기 단위가 있을 때 그것이 원자 하나당 하나씩 붙는다면 18개의 원자가 방출되고, 두 개씩 붙는다면 9개, 세 개씩 붙는다면 6개의 원자만 방출되는 셈이다.)

당시에는 전기가 두 가지 형태로 존재한다고 알려져 있었다. 그것은 각각 '양전기'와 '음전기'라 불렸다. 어떤 원자가 양전기의 단위를 하나 붙잡으면, 전압에 의해 용액 속에서 한쪽 방향으로 끌려갔다. 반대로 음전기의 단위를 하나 붙잡으면, 반대 방향으로 끌려갔다.

전기의 단위는 물질의 원자 단위보다 훨씬 연구하기 어려웠으며, 19세기 내내 그 실체는 좀처럼 드러나지 않았다. 그러나 1891년, 아일랜드의 물리학자 조지 스토니(George Stoney, 1826~1911)

는 이 가정상의 전기 단위에 이름을 붙이자고 제안했다. 그는 그 단위를 '전자(electron)'라고 불렀다.

음극선

전류는 금속선과 같은 전도성 물질로 이루어진 닫힌 회로를 따라 흐른다. 전류는 전지나 다른 전기 발생 장치의 한쪽 극에서 시작해 반대쪽 극으로 흘러간다. 이 두 극은 각각 양극(positive pole)이거나 '애노드(anode)', 음극(negative pole)이거나 '캐소드(cathode)'라 불린다.

회로가 끊어져 있으면 일반적으로 전류는 전혀 흐르지 않는다. 그러나 그 단절이 크지 않고, 전류가 매우 큰 추진력('전압'이라 불린다)을 받을 경우, 전류가 그 틈을 뛰어넘을 수도 있다. 끊어진 회로의 두 끝을 서로 가까이 가져가 공기만 사이에 남기면, 실제로 닿기 전에 좁은 틈 사이로 불꽃이 튀며 전류가 흐를 수 있다. 이 불꽃이 유지되는 동안은 회로가 완전히 끊겨 있어도 전류가 계속 흐른다.

불꽃의 빛과 그때 들리는 탁탁거리는 소리는 전류가 공기 분자와 상호작용하며 그들을 가열한 결과이다. 그러나 이 빛이나 소리는 전기 그 자체가 아니다. 전기를 직접 탐지하려면, 공기조차 없는 완전한 진공 상태의 틈을 통해 전류를 흐르게 해야 했다.

이를 위해서는 유리관 속에 두 개의 금속선을 밀봉하고, 그 안의 공기를 완전히(또는 거의 완전히) 제거해야 했다. 그러나 이것은 결코 쉬운 일이 아니었다. 독일의 유리 세공가이자 발명가인 하인리히 가이슬러(Heinrich Geissler, 1814~1879)가 이 작업을 완성한 것은 1854년에 이르러서였다. 이렇게 금속선이 밀봉된 '가이슬러관(Geissler tube)'은 전류 발생 장치의 양극과 음극에 연결될 수 있었으며, 충분한 전압이 걸리면 전류가 진공 속을 뛰어넘어 흐를 수 있었다.

이러한 실험은 독일의 물리학자 율리우스 퓌르커(Julius Plucker, 1801~1868)가 처음 수행했다. 그는 1858년에 전류가 진공 속을 흐를 때, 전류 발생기의 음극에 연결된 전선 주변에서 녹색빛이 나타난다는 사실을 발견했다. 이후 여러 과학자들이 이 빛을 연구했으며, 마침내 1876년 독일의 물리학자 오이겐 골트슈타인(Eugen Goldstein, 1850~1931)은 이 현상이 음전하를 띤 음극에 연결된 전선에서 시작되어, 그 맞은편 유리관의 한 지점에 도달하는 어떤 종류의 '선(線)' 때문이라고 결론지었다. 그는 이를 '음극선(cathode rays)'이라 불렀다.

이 음극선은 일반적으로 금속선을 따라 흐르는 전류가 금속에서 벗어나 자유롭게 움직이는 것일지도 모른다는 생각이 들었다. 만약 그렇다면, 음극선의 본질을 밝히는 것이 전류의 본질을 이해하는 데 큰 단서가 될 수 있을 것이다. 그렇다면 음극선은 빛과 비슷한 것으로서 미세한 파동으로 이루어져 있을까? 아니면 질량을 가진 입자들의 흐름일까?

이 문제를 두고 물리학자들의 의견은 둘로 나뉘었다. 그러나 1885년, 영국의 물리학자 윌리엄 크룩스(William Crookes, 1832~1919)는 음극선이 작은 바퀴의 한쪽 면을 때릴 때 그 바퀴를 회전시킬 수 있음을 보여주었다. 이는 음극선이 질량을 가지고 있으며, 질량이 없는 빛줄기가 아니라 원자와 유사한 입자들의 흐름이라는 점을 시사했다.

게다가 크룩스는 자석이 있을 때 음극선이 옆으로 휘어진다는 사실도 발견했다. (이 현상은 전류가 도선 속을 흐를 때 모터가 작동하게 만드는 원리와 같다.) 이로써 음극선은 빛과도, 보통의 원자와도 달리 전하를 띠고 있음을 알 수 있었다.

음극선을 전하를 띤 입자들의 흐름으로 보는 견해는 또 다른 영국의 물리학자 조지프 톰슨(Joseph Thomson, 1856~1940)에 의해 확증되었다. 1897년 그는 전하를 띤 물체가 있을 때, 음극선이 그 영향으로 휘어진 경로를 따라 움직일 수 있음을 보여주었다. 그리고 휘는 방향을 분석한 결과, 음극선을 이루는 입자들이 음전하를 띠고 있다는 사실이 드러났다.

톰슨은 이 입자들이 패러데이의 연구에서 암시되었던 바로 그 '전기의 단위'를 지니고 있다고 확신했다. 결국 스토니가 제안한 '전자(electron)'라는 이름이 이 전하를 운반하는 입자에 적용되었다. 다시 말해, 음극선은 전자들의 흐름으로 이루어진 것으로 간주되었으며, 톰슨은 전자를 발견한 공로를 인정받게 되었다.

자기장이나 전하를 띤 물체가 있을 때 음극선이 휘어지는 정도는 전자의 전하 크기와 전자의 질량에 따라 달라졌다. 일반적인 원자에도 전하를 띠게 할 수 있었기 때문에, 그것들의 거동을 전자와 비교함으로써 전자의 몇몇 성질을 알아낼 수 있었다.

예를 들어, 전자는 수소 원자가 가질 수 있는 전하의 크기와 동일한 전하를 지닌다고 생각할 만한 충분한 근거가 있었다. 그러나 전자는 전하를 띤 수소 원자보다 훨씬 쉽게 직선 경로에서 벗어났다. 이로부터 전자의 질량이 수소 원자보다 훨씬 작다는 결론이 도출되었다.

실제로 톰슨은 전자가 모든 원자 중 가장 가벼운 수소 원자보다 훨씬 더 가볍다는 것을 입증했다. 오늘날 우리는 그 비율을 매우 정확히 알고 있다. 수소 원자 하나의 질량에 해당하려면 전자 1837.11개가 필요하다. 따라서 전자는 '원자보다 작은 입자(subatomic particle)'이며, 이런 종류의 입자 중 최초로 발견된 것이었다.

그리하여 1897년에는 질량을 가진 입자가 두 종류 존재한다는 사실이 알려졌다. 하나는 일반적인 물질을 이루는 원자들이었고, 다른 하나는 전류를 이루는 전자들이었다.

방사능

그렇다면 이 두 종류의 입자 ― 원자와 전자 ― 사이에는 어떤 관련이 있었을까? 1897년 전자가 발견되었을 때, 이미 이 둘을 연결해줄 새로운 연구가 시작되고 있었다.

1895년, 독일의 물리학자 빌헬름 뢴트겐(Wilhelm Röentgen, 1845~1923)은 음극선을 연구하고 있었다. 그는 음극선을 진공관의 반대쪽 끝 유리면에 부딪히게 하면, 어떤 형태의 방사선이 발생한다는 사실을 발견했다. 이 방사선은 유리나 다른 물질을 통과할 수 있었다. 뢴트겐은 이 방사선의 성질을 전혀 알지 못했기 때문에 그것을 'X선'이라고 불렀다. 여기서 'X'는 '미지의 것'을 의미한다. 이후 물리학자들이 X선의 성질을 밝혀낸 뒤에도 이 이름은 그대로 남았다. 그들은 X선이 일반적인 빛보다 훨씬 짧은 파장을 가진, 빛과 유사한 복사파로 이루어져 있다는 사실을 알아냈다.

물리학자들은 즉시 X선에 매료되어, 그것을 다른 곳에서도 찾아내려는 탐구를 시작했다. 그 탐구에 참여한 사람 중 한 명이 프랑스의 물리학자 앙투안 베크렐(Antoine Becquerel, 1852~1908)이었다. 황산우라닐칼륨이라는 화합물은 햇빛에 노출된 뒤 빛을 냈고, 베크렐은 이 빛이 뢴트겐의 X선관 유리에서 나타난 발광처럼 X선을 포함하고 있는지 궁금해했다.

실제로 그 화합물은 X선과 유사한 투과력을 지닌 보이지 않는 방사선을 방출하고 있었다. 그러나 1896년 이 현상을 연구하던 베크렐은, 그 방사선이 햇빛에 노출되지 않아도 끊임없이 방출된다는 사실을 발견했다. 이 방사선은 빛처럼 사진 건판을 흐리게 만들었기 때문에 탐지할 수 있었으며, 검은 종이로 감싼 건판조차 흐리게 만들었으므로 X선처럼 물질을 투과할 수 있음이 분명했다.

곧 베크렐 외에도 여러 과학자들이 이 새로운 현상을 연구하기 시작했다. 1898년, 폴란드 출신으로 프랑스에서 활동한 물리학자 마리 퀴리(Marie Curie, 1867~1934)는 방사선의 근원이 우라늄 원자 자체라는 사실을 밝혀냈다. 즉, 우라늄 원자를 포함한 모든 화합물은 이런 투과성 방사선을 방출한다는 것이다.

그때까지 우라늄은 화학자들에게 그다지 주목받지 못한 원소였다. 그것은 1789년 독일의 화학자 마르틴 클라프로트(Martin Klaproth, 1743~1817)가 처음 발견한 비교적 희귀한 금속이었으며, 특별한 용도가 없어 거의 알려지지 않은 상태로 남아 있었다. 그러나 여러 원소들의 원자량이 밝혀지면서, 당시까지 알려진 원소들 가운데 우라늄이 가장 큰 원자량—238—을 가진다는 사실이 드러났다.

우라늄이 끝없이 방사선을 내뿜는 원소로 밝혀지자, 이에 대한 관심은 계속해서 높아져 갔다. 퀴리 부인은 이러한 지속적인 방사 현상에 '방사능(radioactivity)'이라는 이름을 붙였다. 우라늄은 인류가 발견한 최초의 방사능 원소였다.

그러나 우라늄만이 그런 성질을 가진 것은 아니었다. 곧 토륨(thorium) 역시 방사능을 지닌 원소임이 밝혀졌다. 토륨은 1829년 베르셀리우스가 발견한 원소로, 당시 알려진 원소들 가운데 두 번째로 질량이 큰 원자로 이루어져 있었다. 그 원자량은 232였다.

그렇다면 우라늄과 토륨이 방출하는 이 신비로운 방사선은 무엇이었을까?

곧 이 방사선이 하나의 성질로 이루어진 것이 아니라는 사실이 밝혀졌다. 1899년 베크렐과 다른 연구자들은 자석이 있을 때 일부 방사선이 일정한 방향으로 휘어진다는 것을 발견했다. 이후 그중 일부는 반대 방향으로 휘어지고, 또 다른 일부는 전혀 휘어지지 않고 곧게 나아간다는 사실도 드러났다.

결국 과학자들은 우라늄과 토륨이 세 가지 종류의 방사선을 방출한다는 결론에 이르렀다. 하나는 양전하를 띠고, 또 하나는 음전하를 띠며, 나머지 하나는 전하를 띠지 않았다. 뉴질랜드 출신의 물리학자 어니스트 러더퍼드(Ernest Rutherford, 1871~1937)는 그리스 알파벳의 처음 두 글자를 따서, 이 가운데 양전하를 띠는 방사선을 '알파선(alpha rays)', 음전하를 띠는 방사선을 '베타선(beta rays)'이라 불렀다. 세 번째, 즉 전하가 없는 방사선은 곧이어 그리스 알파벳의 세 번째 글자를 따 '감마선(gamma rays)'이라 불리게 되었다.

감마선은 결국 X선보다 파장이 더 짧은, 또 하나의 빛과 같은 형태의 방사선으로 밝혀졌다. 반면 전하를 띠는 알파선과 베타선은, 음극선과 마찬가지로 전하를 지닌 입자들의 흐름('알파 입자'와 '베타 입자')인 것으로 드러났다.

실제로 1900년 베크렐은 베타 입자를 연구한 결과, 그것이 질량과 전하 모두에서 전자와 동일하다는 사실을 확인했다. 즉, 베타 입자는 전자였다.

1906년이 되자 러더퍼드는 알파 입자의 성질을 규명했다. 알파 입자는 전자가 띠는 음전하보다 두 배 큰 양전하를 가지고 있었다. 만약 전자의 전하를 '−'로 표시한다면, 알파 입자의 전하는 '++'로 표시할 수 있다. 또한 알파 입자는 전자보다 훨씬 무거웠다. 그 질량은 헬륨 원자(당시 알려진 두 번째로 가벼운 원자)와 같았으며, 수소 원자의 네 배에 해당했다. 그럼에도 불구하고 알파 입자는 일반적인 원자보다 지름이 훨씬 작아서, 원자들이 할 수 없는 방식으로 물질을 관통할 수 있었다. 따라서 알파 입자 역시 비록 무겁지만 '원자보다 작은 입자(subatomic particle)'였다.

이로써 전기 입자인 전자와 물질 입자인 원자가 서로 만나는 지점이 드러나게 되었다.

돌턴이 원자설을 처음 제시한 지 한 세기가 넘는 동안, 화학자들은 원자가 물질을 이루는 근본 단위라고 믿어왔다. 그들은 원자가 더 이상 쪼갤 수 없을 만큼 작으며, 그보다 더 작은 것은 존재하지 않는다고 생각했다. 그러나 전자의 발견은 적어도 일부 입자들은 원자보다 훨씬 작을 수 있음을 보여주었다. 이어서 방사능에 대한 연구는 우라늄과 토륨의 원자가 스스로 붕괴하여, 전자나 알파 입자 같은 더 작은 입자들로 분해된다는 사실을 밝혀냈다.

따라서 이러한 원소들의 원자, 그리고 아마 모든 원소의 원자들은 그보다 더 작은 입자들로 이루어져 있으며, 그 안에는 전자도 포함되어 있다는 것이 분명해졌다. 원자는 일정한 구조를 가진 것이었고, 물리학자들은 그 구조가 정확히 어떤 것인지 알아내는 데 관심을 기울이기 시작했다.

원자의 구조

방사능 원자들이 양전하나 음전하를 띤 입자를 방출한다는 사실로부터, 일반적인 원자도 두 종류의 전기를 모두 포함하고 있을 것이라는 추론이 가능했다. 또한 물질을 이루는 대부분의 원자는 전하를 띠지 않으므로, 보통의 '중성 원자'는 양전하와 음전하가 정확히 같은 양으로 존재해야 함이 분명했다.

그 결과, 양전하를 띤 알파 입자를 방출하는 것은 우라늄이나 토륨 같은 방사능 원자에 한정된다는 사실이 밝혀졌다. 그러나 방사능이 전혀 없는 많은 원자들 역시 전자를 방출할 수 있었다. 1899년 톰슨은 방사능의 흔적이 전혀 없는 정상적인 금속이라도 자외선에 노출되면 전자를 방출한다는 사실을 발견했다. (이 현상을 '광전 효과(photoelectric effect)'라 한다.)

따라서 원자의 기본 구조는 양전하를 띠며 거의 움직이지 않는 덩어리로 이루어져 있고, 그 속에는 쉽게 떨어져 나올 수 있는 가벼운 전자들이 존재한다고 생각할 수 있었다. 톰슨은 이미 1898년에, 원자는 양전하를 띤 물질의 덩어리이며 그 안에 개별 전자들이 박혀 있는 형태라고 제안했다. 마치 건포도가 케이크 반죽 속에 흩어져 있는 것처럼 말이다.

이 톰슨의 모형이 옳다고 가정한다면, 음전하 한 단위를 가진 전자의 수는 원자가 지닌 양전하의 총량에 따라 결정될 것이다. 만약 원자의 총전하가 +5라면, 그것을 상쇄하기 위해 전자 다섯 개가 존재해야 한다. 이렇게 되면 전체 전하의 합은 0이 되고, 원자는 전체적으로 전기적으로 중성이 된다.

이런 경우 전자 하나가 빠져나가면, +5의 원자 전하는 총 −4의 전하를 가진 4개의 전자에 의해만 상쇄된다. 따라서 그때 원자 전체의 순전하는 +1이 된다. 반대로 원자에 전자 하나가 더 들어오면, +5의 전하는 총 −6의 전하를 가진 6개의 전자에 의해 상쇄되고, 그 결과 원자 전체의 순전하는 −1이 된다.

이처럼 전하를 띤 원자를 '이온(ion)'이라 부르며, 그 존재는 이미 패러데이 시대부터 추정되고 있었다. 패러데이는 금속과 기체가 음극과 양극에서 생겨나는 현상을 설명하기 위해, 원자들이 전기장에 의해 용액 속을 이동해야 한다는 사실을 알고 있었다. 그는 그리스어로 '여행자'를 뜻하는 말에서 '이온(ion)'이라는 용어를 처음 사용했으며, 이 단어는 영국의 학자 윌리엄 휴얼(William Whewell, 1794~1866)이 제안한 것이었다. 이후 1884년, 스웨덴의 화학자 스반테 아레니우스(Svante Arrhenius, 1859~1927)는 이러한 이온들이 전하를 띤 원자 또는 원자 집단이라는 가정에 기초

해 상세한 이론을 처음으로 정립했다.

그리하여 19세기 말에 이르러, 아레니우스의 가설은 옳은 것으로 여겨지게 되었다. 즉, 양이온은 원자나 원자 집단에서 하나 이상의 전자가 빠져나간 형태였고, 음이온은 하나 이상의 전자가 추가로 결합된 원자나 원자 집단으로 이루어져 있었다.

톰슨의 원자 모형은 이러한 이온의 존재와, 원자가 전자를 방출하거나 흡수할 수 있다는 사실을 설명할 수 있었지만, 모든 면에서 완전한 것은 아니었다. 이후의 연구들은 '건포도 케이크 모형'으로는 설명되지 않는 결과들을 드러냈다.

1906년, 러더퍼드는 알파 입자처럼 질량이 큰 아원자 입자들이 물질을 통과할 때 어떤 일이 일어나는지를 연구하기 시작했다. 예를 들어 알파 입자가 얇은 금박을 통과할 때, 대부분은 마치 아무것도 없는 공간을 지나가듯 곧장 통과했다. 알파 입자들은 가벼운 전자들을 밀어내며, 톰슨이 묘사한 것처럼 양전하를 띤 원자의 본체가 단단한 덩어리가 아니라 부드럽고 스펀지 같은 물질인 듯한 거동을 보였다.

그러나 문제는 가끔씩 어떤 알파 입자가 금박 속에서 무언가에 부딪혀 옆으로 튕겨 나가거나, 심지어 정반대 방향으로 되돌아오는 일이 있었다는 점이었다. 이는 원자 내부 어딘가에 알파 입자만큼이나 질량이 큰 무엇인가가 존재한다는 뜻이었다.

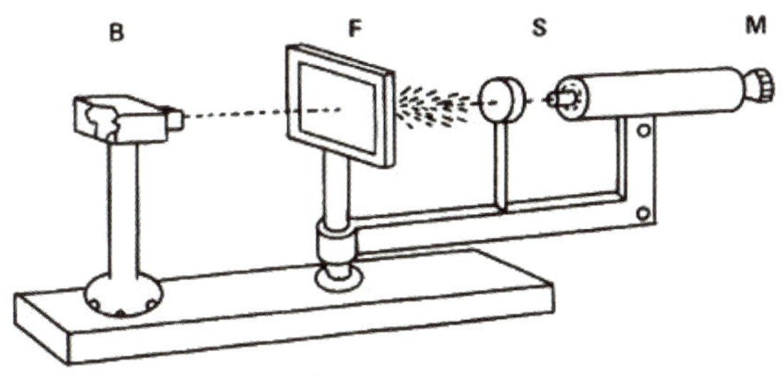

러더퍼드의 알파 입자 충돌 실험 장치

납 상자(B) 속의 라듐이 알파 입자를 방출하면, 그것이 금박(F)을 통과하면서 여러 방향으로 산란된다. 이 입자들은 형광막(S)에 부딪혀 번쩍이는 섬광을 만들고, 그 빛은 현미경(M)을 통해 관찰된다. 이 그림에서는 금박 속의 원자핵에 부딪혀 튕겨 나가는 알파 입자의 모습이 묘사되어 있다

그렇다면 이 거대한 부분은 원자 안에서 얼마나 큰 크기를 차지하고 있었을까? 만약 그것이 상당히 큰 덩어리였다면, 알파 입자들은 훨씬 자주 그곳에 부딪혔을 것이다. 그러나 실제로는 충돌이 매우 드물게 일어났다. 이는 그 거대한 부분이 원자 전체에 비해 극히 작으며, 대부분의 알파 입자들이 그 근처에도 닿지 않고 원자를 그대로 통과한다는 뜻이었다.

1911년 러더퍼드는 자신의 연구 결과를 세상에 발표했다. 그는 원자의 거의 모든 질량이 중심에 위치한 극히 작은 양전하의

‘핵(nucleus)’에 집중되어 있다고 제안했다. 이 핵의 지름은 원자 전체 지름의 약 1만 분의 1에 불과했다. 나머지 부분은 매우 가벼운 전자들로 채워져 있었다.

러더퍼드의 구상에 따르면, 원자는 전자의 거품 속 중심에 놓인 하나의 미세한 양전하 덩어리 — 마치 전자 거품 속의 작은 납탄환과도 같은 — 형태를 하고 있었다. 이는 톰슨의 모형과 정반대의 개념이었다. 그럼에도 핵은 일정한 크기의 양전하를 띠고 있으며, 그 전하는 음전하를 띤 전자들에 의해 균형을 이뤘다. 러더퍼드의 원자 모형은 톰슨의 모형처럼 이온의 존재를 설명할 수 있었을 뿐 아니라, 그보다 훨씬 더 많은 현상을 설명할 수 있었다.

예를 들어, 모든 전자가 제거되어 핵만 남게 되면, 그 핵은 여전히 원자와 같은 질량을 가지고 있지만 크기가 극도로 작기 때문에 물질을 통과할 수 있다. 이러한 관점에서 보면, 알파 입자는 껍질이 벗겨진 원자핵이라고 할 수 있다.

러더퍼드의 ‘핵 구조를 지닌 원자(nuclear atom)’ 모형은 오늘날에도 여전히 기본적인 원자 구조로 받아들여지고 있다.

원자번호

　원자가 중심의 양전하를 띤 핵과, 그 주위를 도는 여러 개의 음전하 전자로 이루어져 있다는 사실이 밝혀지자, 다음 과제는 각각의 원자에서 핵의 전하가 정확히 얼마이며, 또 몇 개의 전자가 존재하는지를 알아내는 일이었다.

　그 해답은 영국의 물리학자 찰스 바클라(Charles Barkla, 1877~1944)가 시작한 연구에서 나왔다. 1911년 그는 X선이 원자를 통과할 때, 일부는 흡수되고 일부는 반사된다는 사실을 발견했다. 반사된 X선은 다시 다른 물질을 투과할 수 있는 특정한 힘을 지니고 있었다. 특히 원자량이 큰 원소의 경우, 반사된 X선의 투과력이 매우 강했다. 사실상 원소의 종류마다 반사되는 X선의 투과력에 일정한 차이가 있었기 때문에, 바클라는 이를 '특성 X선(characteristic X rays)'이라 불렀다.

　1913년, 또 다른 영국의 물리학자 헨리 모즐리(Henry Moseley, 1887~1915)는 이 문제를 더욱 철저히 연구했다. 그는 특정한 결정(結晶, crystal)에 X선을 반사시켜, 특성 X선의 정확한 파장을 측정했다. 결정 속에서는 원자들이 규칙적으로 배열되어 있고, 서로 간의 간격도 이미 알려져 있다. X선이 결정에 반사될 때 — 정확히 말하면 회절(回折, diffraction)될 때 — 그 파동은 원자들의 배열에 의해 꺾이게 된다. 파장의 길이가 길수록 꺾이는 정도가 커지므로, 이 꺾임의 각도를 측정하면 X선의 파장을 계산할 수 있었다.

모즐리는 원자의 원자량이 클수록 그 원자에서 방출되는 특성 X선의 파장이 더 짧아지고, 그 투과력 또한 더 강해진다는 사실을 발견했다. 실제로 이 두 변수는 매우 밀접하게 연결되어 있어서, 모즐리는 특성 X선의 파장을 기준으로 원소들을 순서 대로 배열할 수 있었다.

이 발견 이전 약 40년 동안, 원소들은 원자량의 크기 순서로 나열되어 왔다. 이 방식은 특히 러시아의 화학자 드미트리 멘델레예프(Dmitri Mendeleev, 1834~1907)가 원자량을 기준으로 비슷한 성질의 원소들을 묶어 배열한 '주기율표(週期律表, periodic table)'를 제시하면서 유용성을 인정받았다. 당시 주기율표에서는 원소들이 연속적으로 번호를 부여받기도 했는데, 이를 '원자번호(atomic number)'라 불렀다. 그러나 새로운 원소가 발견될 때마다 번호를 재배열해야 하는 불편함이 있었다.

덴마크의 물리학자 닐스 보어(Niels Bohr, 1885~1962)는 당시 원자의 구조에 대한 새로운 이론을 제시했는데, 이에 따르면 각 원소가 내는 특성 X선의 파장은 그 원자를 구성하는 핵의 전하 크기에 따라 달라진다고 보았다. 이에 모즐리는 이러한 특성 X선을 이용해 원자핵의 양전하 크기를 직접 측정할 수 있다고 제안했다. 이렇게 하면 원자번호를 그 양전하의 크기, 즉 핵전하와 동일하게 정할 수 있었고, 새 원소가 발견되더라도 그 체계가 흔들리지 않게 되었다.

예를 들어, 수소의 원자번호는 1이다. 수소의 원자핵은 +1의 양전하를 띠며, 그에 대응해 −1의 전하를 지닌 전자 한 개가 존재해 전체적으로 중성을 이룬다. 헬륨의 원자번호는 2로, 핵은 +2의 전하를 가지고 있으며, 이를 상쇄하기 위해 −1의 전자를 두 개 지닌다. (방사능 원소에서 방출되는 알파 입자는 헬륨 원자핵과 동일하다.)

원자번호는 원자들이 배열되는 순서에 따라 점점 증가한다. 예를 들어 산소 원자의 원자번호는 8이고, 철은 26이다. 가장 무거운 쪽으로 가면 토륨은 90, 우라늄은 92에 이른다. 우라늄 원자 하나의 핵은 +92의 전하를 띠며, 그 전하를 상쇄하기 위해 92개의 전자를 지니고 있다.

이처럼 원자번호의 개념이 확립되자, 어떤 원소가 아직 발견되지 않았는지, 있다면 그것이 주기율표의 어느 위치에 속하는지를 정확히 알아낼 수 있게 되었다.

이렇게 해서 모즐리가 처음으로 과학자들에게 '원자번호'라는 개념을 제시했을 때, 아직 발견되지 않은 원소가 일곱 가지나 남아 있는 것으로 밝혀졌다. 적어도 원자번호 43, 61, 72, 75, 85, 87, 그리고 91에 해당하는 원소들은 당시까지 알려지지 않았다. 그러나 1945년까지 이 일곱 원소가 모두 발견되었다.

이후 곧 밝혀진 것은, 원자번호가 원자량보다 훨씬 더 근본적이며, 각 원소의 정체를 결정짓는 가장 본질적인 성질이라는 사실이었다.

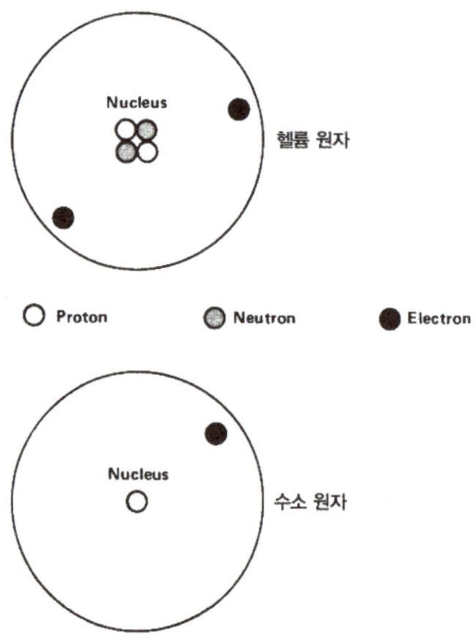

헬륨 원자와 수소 원자의 구조 − 핵(Nucleus), 양성자(Proton), 중성자(Neutron), 전자(Electron)

돌턴의 시대 이후로, 특정한 원소를 이루는 모든 원자들은 동일한 원자량을 가지며, 서로 다른 두 원소의 원자들은 언제나 서로 다른 원자량을 갖는다고 여겨져 왔다. 그러나 이러한 믿음이 반드시 옳지 않을 수도 있다는 첫 번째 징후와 그에 대한 증거는 방사능 연구를 통해 나타났다.

동위원소

1902년, 러더퍼드와 그의 동료 프레더릭 소디(Frederick Soddy, 1877~1956)는 우라늄 원자가 알파 입자를 방출할 때, 전혀 다른 새로운 종류의 원자가 생성된다는 사실을 밝혔다. 그리고 이 새로운 원자가 베타 입자를 방출하며 또 다른 원소의 원자가 형성된다는 것도 밝혀졌다. 러더퍼드와 소디의 이러한 연구는 새로운 탐구의 길을 열었고, 1907년까지의 연구를 통해 방사성 원소들이 일련의 '붕괴 사슬'을 이루고 있음이 드러났다.

각각의 원소는 알파 입자나 베타 입자를 방출하며 다음 단계의 원소로 변해 갔고, 그 과정의 마지막에는 방사성을 잃은 납 원자가 형성되었다.

요약하면, 우라늄(원자번호 92)에서 시작해 납(원자번호 82)으로 끝나는 하나의 '방사성 계열'이 존재했다. 토륨(원자번호 90)도 마찬가지로, 납으로 끝나는 또 다른 방사성 계열을 이루었다. 그리고 세 번째 원소인 악티늄(원자번호 89) 역시, 당시 밝혀진 바로는 납으로 끝나는 또 하나의 방사성 계열의 첫 번째 구성 원소였다.

이 세 가지 방사성 계열에서 생성된 여러 원자들이 모든 면에서 서로 다른 것은 아니었다. 우라늄 원자가 알파 입자를 방출하면, 처음에는 '우라늄 X_1'이라 불린 원자가 형성된다. 그런데 자세히 조사해보니, 이 우라늄 X_1은 화학적 성질 면에서는 토륨과 동일했다. 그러나 방사성 성질은 일반적인 토륨과 달랐다.

우라늄 X_1은 매우 빠르게 붕괴하면서 베타 입자를 방출했다. 일정량의 우라늄 X_1 가운데 절반이 붕괴되는 데 걸리는 시간은 24일이었다. 러더퍼드는 이 개념을 설명하기 위해 '반감기(半減期, half-life)'라는 용어를 도입했으며, 따라서 우라늄 X_1의 반감기는 24일이라고 표현할 수 있다. 반면, 일반적인 토륨은 베타 입자가 아니라 알파 입자를 방출하며, 그 속도는 매우 느려서 반감기가 무려 140억 년에 달한다.

이처럼 우라늄 X_1과 일반 토륨은 화학적 기준으로 보았을 때 동일한 위치에 놓여 있지만, 명백히 서로 다른 성질을 지니고 있었다.

다른 사례도 있다. 1913년, 영국의 화학자 알렉산더 플렉 (Alexander Fleck, 1889~1968)은 우라늄 방사성 계열에 속한 두 종류의 원자, 즉 '라듐 B'와 '라듐 D'를 연구했다. 그는 또한 토륨 방사성 계열의 '토륨 B'와 악티늄 방사성 계열의 '악티늄 B'도 함께 연구했다. 이 네 가지 모두 화학적으로는 일반적인 납과 동일하며, 원소 주기율표에서도 같은 위치에 놓인다. 그러나 방사성 측면에서는 각각 다르다. 모두 베타 입자를 방출하지만, 반감기는 서로 다르다. 라듐 B는 27분, 라듐 D는 19년, 토륨 B는 11시간, 악티늄 B는 36분의 반감기를 가진다.

1913년, 소디는 이렇게 화학적으로는 동일한 자리에 있으나 방사능적 성질이 다른 원자들을 '동위원소(同位元素, isotopes)'라고 불렀다. 이 명칭은 '같은 장소'를 뜻하는 그리스어에서 유래한 것이다.

처음에는 동위원소들 사이의 차이가 방사능적 성질에만 있는 것으로 여겨졌고, 따라서 동위원소는 오직 방사성 원자들에서만 나타나는 현상으로 생각되었다. 그러나 곧 그것이 사실이 아님이 밝혀졌다.

그 후 밝혀진 사실은, 방사능을 띠지 않더라도 동일한 원소가 여러 형태로 존재할 수 있다는 것이었다. 우라늄 계열, 토륨 계열, 악티늄 계열은 모두 납(Pb)에서 끝나며, 이때 생성된 납은 모두 안정된(즉, 방사능을 띠지 않는) 형태였다. 그렇다면 이렇게 서로 다른 붕괴 과정을 거쳐 형성된 납 원자들은 완전히 동일할까?

소디는 원자가 알파 입자나 베타 입자를 방출할 때마다 원자량이 어떻게 변하는지를 계산해냈다. 그리고 이 세 가지 방사성 붕괴 계열을 모두 분석한 끝에, 각각의 계열이 서로 다른 원자량의 납으로 끝난다는 결론에 도달했다. 우라늄 붕괴 계열은 원자량 206의 납으로, 토륨 계열은 208의 납으로, 그리고 악티늄 계열은 207의 납으로 끝나야 한다는 것이다.

그렇다면 방사성 성질이 아니라 원자량의 차이만 있는 세 종류의 납 동위원소가 존재하게 된다. 이 동위원소들은 각각 납-206, 납-207, 납-208이라 부를 수 있다. 납의 화학기호인 Pb를 사용하면, 이를 ^{206}Pb, ^{207}Pb, ^{208}Pb로 쓸 수 있다. (^{206}Pb는 '납-206'이라고 읽는다.) 1914년에 소디와 다른 연구자들이 수행한 원자량 측정 결과는 이러한 이론을 뒷받침했다.

세 가지 납 동위원소 모두 원자번호 82를 갖고 있었다. 즉, 세 동위원소의 원자핵은 모두 +82의 전하를 띠고 있었으며, 그 전하를 상쇄하기 위해 각각의 원자는 82개의 전자를 가지고 있었다. 차이는 오직 원자핵의 질량에서만 존재했다.

그렇다면 방사성 물질과 멀리 떨어진 암석 속에서 발견되는, 지구의 역사 내내 안정적으로 존재해 온 일반적인 납은 어떨까? 그 원자량은 207.2였다.

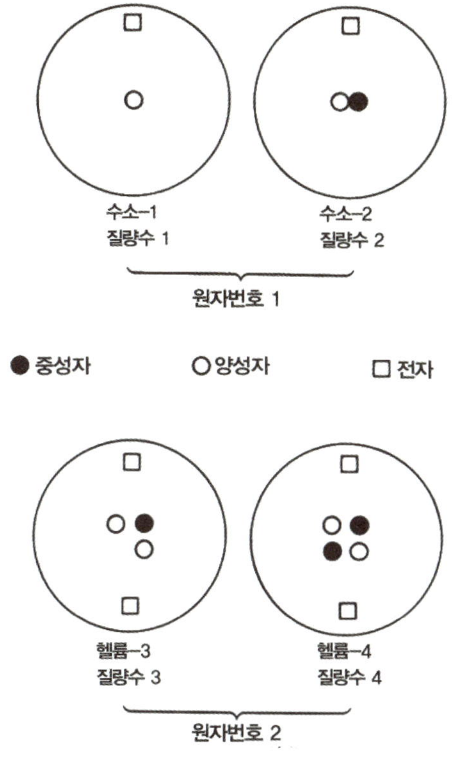

두 원소의 동위원소

　방사성과 아무 관련이 없는 이 안정한 납은, 혹시 원자량이 소수값인 또 다른 동위원소로 이루어진 것일까? 아니면 서로 다른 정수 원자량을 가진 여러 동위원소가 섞여 있어서, 전체적으로 평균값이 되어 소수점이 생긴 것일까?

당시로서는 납의 경우 확실히 판단하기 어려웠다. 그러나 그 해답은 다른 원소, 즉 원자량이 20.2인 희귀기체 네온(기호 Ne)을 연구하는 과정에서 얻어졌다.

그 소수점이 붙은 원자량은 모든 네온 원자가 예외 없이 가지고 있는 값일까, 아니면 더 가벼운 원자들과 더 무거운 원자들이 섞여 있어서 생긴 평균값일까?

네온의 동위원소가 발견된다면 그것은 매우 중요한 의미를 갖게 될 것이었다. 왜냐하면 네온은 어떤 방사성 계열과도 관련이 없는 원소이기 때문이다. 만약 네온에도 동위원소가 존재한다면, 어떤 원소든 동위원소를 가질 수 있다는 뜻이 된다.

1912년, 톰슨은 네온을 연구하고 있었다. 그는 네온 기체 속으로 음극선 전자들을 쏘아보냈다. 그 전자들이 네온 원자와 충돌하면서 일부 원자에서 전자 하나를 튕겨냈고, 그 결과 하나의 양전하를 띤 네온 이온, 즉 Ne^+가 만들어졌다.

네온 이온은 전자와 마찬가지로 전기장 안에서 이동하지만, 전하의 부호가 반대이기 때문에 반대 방향으로 움직인다. 그리고 전기장과 자기장이 함께 작용할 때, 네온 이온은 곡선을 그리며 이동하게 된다. 만약 모든 네온 이온의 질량이 같다면, 동일한 곡선을 따라 움직였을 것이다. 그러나 일부 이온이 다른 것보다 무거울 경우, 더 무거운 이온은 덜 휘게 된다.

이 네온 이온들은 사진 건판에 도달했으며, 이온이 부딪힌 지점은 어둡게 변했다. 그런데 건판에는 어두워진 부분이 두 곳 나타났다. 이는 네온 이온의 질량이 두 가지였으며, 각각 다른 정도로 휘어져 서로 다른 위치에 도달했음을 의미했다. 톰슨은 휘어진 정도를 분석하여, 원자량 20의 네온 동위원소와 원자량 22의 네온 동위원소, 즉 ^{20}Ne와 ^{22}Ne가 존재함을 밝혀냈다.

게다가 건판의 어두운 정도(흑화의 강도)를 통해, 일반적인 네온이 약 90%의 ^{20}Ne과 10%의 ^{22}Ne으로 구성되어 있음을 알 수 있었다. 따라서 네온의 전체 원자량 20.2는 이 두 동위원소의 평균값이었다.

톰슨이 사용한 장치는 처음으로 동위원소를 분리할 수 있는 장치였으며, 이러한 장치들은 이후 '질량분석기(mass spectrometer)'라 불리게 되었다. 이 명칭을 처음 사용한 사람은 영국의 물리학자 프랜시스 애스턴(Francis Aston, 1877~1945)으로, 그는 1919년에 최초의 정교한 질량분석기를 제작했다.

애스턴은 이 장치를 이용해 가능한 많은 원소를 연구했다. 그와 그의 뒤를 이은 연구자들은 수많은 동위원소를 찾아내고, 각각이 존재하는 비율을 매우 정밀하게 측정했다. 예를 들어 네온의 경우, 실제로는 ^{20}Ne이 90.9%, ^{22}Ne이 8.8%를 차지하며, 극히 소량의 세 번째 동위원소 ^{21}Ne이 0.3% 존재함이 밝혀졌다.

한편, 방사능과 무관한 암석 속의 일반적인 납은 ^{206}Pb이 23.6%, ^{207}Pb이 22.6%, ^{208}Pb이 52.3%로 구성되어 있었다. 여기에 네 번째 동위원소인 ^{204}Pb이 1.5%를 차지하는데, 이 동위원소는 방사성 붕괴 계열의 산물도 아니었다.

동위원소의 원자량은 언제나 정수에 매우 가깝지만, 정확히 정수가 되지는 않는다. 어떤 원소의 원자량이 정수에서 크게 벗어난다면, 그것은 여러 동위원소가 섞여 있으며 그 평균값이기 때문이다.

예를 들어 염소(화학기호 Cl)의 원자량은 35.5인데, 이는 염소가 두 가지 동위원소로 구성되어 있기 때문이다. 약 4분의 1은 ^{37}Cl, 나머지 약 4분의 3은 ^{35}Cl이다.

혼동을 피하기 위해, 특정 원소를 구성하는 여러 동위원소의 평균 질량은 여전히 그 원소의 '원자량(atomic weight)'이라 부른다. 반면, 개별 동위원소의 질량에 가장 가까운 정수는 그 동위원소의 '질량수(mass number)'라고 한다. 예를 들어 염소는 질량수가 35와 37인 동위원소로 이루어져 있지만, 자연계에서 염소의 평균 원자량은 35.5(정확히는 35.453)이다.

같은 방식으로, 일반적인 납은 질량수가 204, 206, 207, 208인 동위원소들로 구성되어 있으며, 그 평균 원자량은 207.19이다. 네온은 질량수가 20, 21, 22인 동위원소들로 이루어져 있으며, 그 평균 원자량은 20.183이다.

한편, 어떤 원소의 원자량이 처음부터 정수에 매우 가까운 경우, 그 원소는 단 하나의 종류의 원자로만 구성되어 있을 가능성이 높다. 예를 들어, 기체인 플루오린(화학기호 F)의 원자량은 거의 19이며, 금속 나트륨(화학기호 Na)의 원자량은 거의 23이다. 실제로 모든 플루오린 원자는 단일 동위원소 ^{19}F로, 모든 나트륨 원자는 ^{23}Na로 이루어져 있다.

때로는 자연 상태의 어떤 원소의 원자량이 거의 정수에 가깝지만, 실제로는 여러 동위원소로 이루어져 있는 경우도 있다. 이럴 때는 하나의 동위원소가 거의 대부분을 차지하고, 나머지는 극히 소량만 존재하기 때문에 평균값이 정수에서 약간만 벗어나게 된다.

예를 들어 헬륨(화학기호 He)의 원자량은 약 4인데, 이는 거의 모든 헬륨 원자가 ^{4}He이기 때문이다. 그러나 그중 약 0.0001%, 즉 백만 개 중 하나는 ^{3}He이다. 마찬가지로 질소(화학기호 N)의 원자 99.6%는 ^{14}N이고, 나머지 0.4%는 ^{15}N이다. 또 탄소(화학기호 C)의 경우 전체 원자의 98.9%가 ^{12}C이며, 1.1%는 ^{13}C이다. 따라서 질소와 탄소의 원자량이 각각 약 14와 12로 나타나는 것은 전혀 놀라운 일이 아니다.

미국의 화학자 해럴드 클레이턴 유리(Harold Clayton Urey, 1893~1981)는 수소에서도 더 무거운 동위원소가 존재한다는 사실을 발견했다. 수소의 원자량은 약 1이며, 대부분의 수소 원자는 ^{1}H로 구성되어 있다. 그러나 유리는 질량이 거의 두 배에 달하는 또 하나의 동위원소 ^{2}H를 검출했다. 어떤 원소의 동위원소도 이렇게 큰 질량 차이를 보이지 않기 때문에, ^{2}H와 ^{1}H은 보통의 동위원소보다 훨씬 뚜렷하게 다른 화학적 성질을 지닌다. 유리는 이 ^{2}H에 '둘째'를 뜻하는 그리스어에서 유래한 이름, '중수소 (deuterium)'라는 이름을 붙였다.

1929년, 또 다른 미국의 화학자 윌리엄 프랜시스 지오크 (William Francis Giauque, 1895 ~ 1982)는 산소가 하나 이상의 동위원소로 이루어져 있음을 밝혀냈다. 산소의 원자량은 관례적으로 16.0000으로 정해져 있었는데, 실제로는 전체 산소 원자의 99.76%가 ^{16}O, 0.20%가 ^{18}O, 0.04%가 ^{17}O였다.

즉, ^{16}O의 질량은 16보다 약간 작고, ^{17}O과 ^{18}O처럼 더 무거운 동위원소들이 평균값을 끌어올려 전체적으로 16.0000이 되는 것이다. 그럼에도 화학자들은 계산의 편의를 위해 자연 상태의 산소 원자량을 표준값 16.000으로 유지했고, 개별 동위원소의 차이는 굳이 구분하지 않았다.

그러나 물리학자들은 여러 동위원소의 평균값을 표준으로 사용하는 데 불편함을 느꼈다. 그들은 평균보다 개별 동위원소 자체의 질량에 더 관심이 있었기 때문이다. 그래서 ^{16}O의 원자량을 정확히 16.0000으로 정하고, 이 기준에 맞춰 산소 전체의 평균 원자량을 16.0044로 두었으며, 다른 모든 원소의 원자량도 이에 비례하여 조정했다. 이렇게 정해진 값들을 '물리학적 원자량(physical atomic weights)'이라 불렀다.

결국 1961년에 화학자와 물리학자들이 모두 만족할 수 있는 절충안이 마련되었다. 그들은 ^{12}C의 원자량을 정확히 12로 정하고, 이를 새로운 표준으로 삼기로 합의한 것이다. 이 기준에 따르면 산소의 원자량은 15.9994가 되며, 이는 16보다 아주 약간 작은 값이다.

이 새로운 기준은 방사성 원소에도 그대로 적용되었다. 예를 들어 우라늄(화학기호 U)의 원자량은 약 238이며, 실제로 대부분의 우라늄 원자는 ^{238}U로 구성되어 있다. 그러나 1935년 캐나다 출신의 미국 물리학자 아서 뎀프스터(Arthur Dempster, 1886~1950)는 그중 약 0.7%가 더 가벼운 동위원소 ^{235}U임을 발견했다.

이 두 동위원소는 방사성 성질에서 상당히 큰 차이를 보였다. 흔히 존재하는 우라늄 동위원소인 ^{238}U의 반감기는 약 45억 년이지만, ^{235}U의 반감기는 불과 7억 년에 지나지 않았다. 게다가 ^{235}U는 세 단계의 붕괴 과정을 거쳐 악티늄을 형성했으며, 이 때문에 악티늄 방사성 계열의 시작은 악티늄 자체가 아니라 바로 ^{235}U였다.

한편 원자량이 232인 토륨(기호 Th)의 경우, 자연계에 존재하는 원소는 사실상 거의 모두 ^{232}Th 원자로 이루어져 있음이 밝혀졌다.

에너지 ENERGY

에너지 보존의 법칙

이제 우리는 원자와 전기가 서로 얽혀 있는 두 가지의 흐름을 충분히 살펴보았다. 이제 세 번째 흐름, 즉 '에너지'에 대해 이야기할 차례다.

물리학자들에게 '일(work)'이라는 개념은, 어떤 물체에 힘을 가해 그 물체가 일정한 거리를 움직이도록 만드는 것을 뜻한다. 중력에 거슬러 물체를 들어 올리는 것도 일이고, 나뭇결의 마찰을 이기며 못을 박는 것도 일이다.

일을 해낼 수 있는 것은 무엇이든 '에너지(energy)'를 가진다고 말한다. 이 말은 그리스어로 '안에서 작용하는 힘(work within)'을 뜻하는 표현에서 비롯되었다. 에너지에는 여러 형태가 있다. 움직이는 질량은 그 운동 때문에 에너지를 갖는다. 예를 들어, 움직이는 망치는 못을 나무에 박을 수 있지만, 같은 망치를 못머리에 대고 가만히 누르고만 있다면 아무 일도 일어나지 않는다.

열도 에너지의 한 형태이다. 열은 증기를 팽창시켜 바퀴를 움직이게 만들고, 그 바퀴는 일을 해낼 수 있다. 전기, 자기, 소리, 빛 역시 적절한 방식으로 이용하면 일을 할 수 있으므로 에너지의 형태로 간주된다.

에너지는 형태가 너무나 다양하고 그 종류도 많기 때문에, 과학자들은 모든 형태의 에너지를 포괄할 수 있는 어떤 규칙을 찾고자 했다. 만약 그런 규칙이 존재한다면, 그것은 에너지의 여러 모습을 하나로 묶는 통일된 원리로 작용할 수 있을 것이다. 그리고 그러한 원리가 존재하는 것이 불가능해 보이지도 않았다. 왜냐하면, 에너지보다 훨씬 더 다양한 형태로 존재하는 물질에 대해서는 이미 그러한 법칙이 발견된 바 있었기 때문이다.

모든 물질은 형태나 구조와 상관없이 질량을 가지고 있다. 1770년대 프랑스의 화학자 앙투안 라부아지에(Antoine Lavoisier, 1743~1794)는 이 질량의 양이 변하지 않는다는 사실을 발견했다. 즉, 어떤 물질계를 외부로부터 완전히 고립시킨 뒤 복잡한 화학 반응을 일으켜도, 그 체계의 질량은 변하지 않았다. 고체가 기체로 변할 수도 있고, 한 가지 물질이 두세 가지 다른 물질로 바뀔 수도 있었지만, 반응이 끝난 뒤의 전체 질량은 (화학자들이 측정할 수 있는 한) 반응 전과 정확히 같았다. 물질의 성질은 변하더라도 그 질량은 새로 생기거나 사라지지 않았다. 이러한 원리가 바로 '질량 보존의 법칙(Law of Conservation of Mass)'이다.

과학자들은 자연스럽게, 에너지에도 질량과 마찬가지로 보존의 법칙이 적용될 수 있는지 궁금해 했다. 그러나 그 답을 얻는 일은 결코 쉽지 않았다. 질량의 양을 측정하는 것 만큼 에너지의 양을 정확히 측정하는 것도 어려웠다. 또한 일정량의 에너지를 외부로부터 완전히 차단해 가두거나, 외부로부터 새로운 에너지가 유입되지 않게 하는 일도 질량의 경우처럼 간단하지 않았다.

그럼에도 1840년경부터 영국의 물리학자 제임스 줄(James Joule, 1818~1889)은 가능한 모든 형태의 에너지를 실험에 활용하며 일련의 연구를 시작했다. 그는 각각의 경우에서 에너지를 열로 변환하고, 그 열이 일정량의 물을 얼마나 데우는지를 측정했다. 물의 온도 상승분이 곧 에너지의 양을 가늠하는 척도였다. 1847년에 이르러 줄은 모든 형태의 에너지가 일정하고 예측 가능한 양의 열로 바뀔 수 있으며, 일정한 양의 일이 일정한 양의 열에 상응한다는 확신을 가지게 되었다.

같은 해, 독일의 물리학자 헤르만 폰 헬름홀츠(Hermann von

Helmholtz, 1821~1894)는 한 형태의 에너지가 일정한 양을 가진다면, 그 에너지는 다른 형태로 바뀌더라도 양 자체는 변하지 않는다는 일반 원리를 제시했다. 에너지는 형태를 바꾸어 여러 번 전환될 수 있지만, 그 총량은 변하지 않는다. 에너지는 새로이 창조되거나 소멸되지 않는다. 이것이 바로 '에너지 보존의 법칙(Law of Conservation of Energy)'이다.

화학 에너지

나무 한 토막에도 에너지가 존재한다. 가만히 두었을 때는 아무런 일을 할 수 없을 것처럼 보이지만, 불을 붙이면 나무와 공기 속의 산소가 반응하여 열과 빛을 방출한다. 이것이 바로 에너지의 형태이다. 그 열은 물을 끓여 증기를 만들고, 증기는 다시 증기기관을 움직이게 할 수 있다.

나무가 탈 때 나오는 에너지의 양은, 나무를 공기와 섞어 닫힌 용기 안에서 태우고 그 용기를 일정한 양의 물 속에 담가 측정할 수 있다. 물의 온도가 얼마나 상승하는지를 보면, 생성된 에너지의 양을 알 수 있는데, 그 단위는 '칼로리(calorie)'라 부른다. 이 말은 라틴어로 '열(heat)'을 뜻하며, 이런 측정을 위한 장치를 '열량계(calorimeter)'라고 한다.

1860년대에 프랑스의 화학자 피에르 베르톨로(Pierre Berthelot, 1827~1907)는 이러한 방식으로 수백 건의 실험을 수행했다. 그의 연구와 다른 과학자들의 비슷한 연구들은, 물질의 화학적 변화에서 얻어지는 이른바 '화학 에너지(chemical energy)'가 에너지 보존의 법칙에 완벽히 부합한다는 사실을 명확히 보여주었다.

19세기 말의 과학적 관점은 다음과 같았다.

분자는 여러 원자들이 결합하여 이루어진 것이다. 분자 내부에서 원자들은 서로를 붙잡는 힘에 의해 느슨하거나 단단하게 결합되어 있다. 따라서 이 결합을 끊고 하나의 분자를 개별 원자들로 분리하려면, 그 결합력을 이겨낼 만큼의 일정한 에너지가 필요하다.

그런데 이렇게 떨어져 있던 원자들이 다시 결합하게 되면, 결합하는 과정에서 동일한 양의 에너지를 방출한다. 즉, 원자들을 분리할 때 필요한 에너지의 양과 다시 결합할 때 방출되는 에너지의 양은 정확히 같다.

이 원리는 모든 물질에 적용된다. 예를 들어, 지구상에서 존재하는 수소 기체는 각각 두 개의 수소 원자가 결합한 분자(H_2)로 이루어져 있다. 여기에 일정한 에너지를 가하면 원자들이 분리되고, 분리된 원자들이 다시 결합하면 이전에 흡수했던 에너지가 그대로 방출된다. 산소 분자(O_2)나 물 분자(H_2O)의 경우도 마찬가지다. 어떤 변화에서 흡수된 에너지는 반대 방향의 변화에서 반드시 같은 양으로 방출된다. 에너지를 흡수할 때와 방출할 때의 양은 언제나 정확히 일치한다.

그러나 그와 관련된 에너지의 양은 분자마다 다르다. 수소 분자를 분리하기는 꽤 어렵지만, 산소 분자를 분리하는 것은 그보다 더 어렵다. 산소 분자를 분리하려면 수소 분자를 분리할 때보다 약 12% 더 많은 에너지를 공급해야 한다. 따라서 당연히, 두 개의 산소 원자가 결합하여 산소 분자를 형성할 때는 두 개의 수소 원자가 결합하여 수소 분자를 형성할 때보다 약 12% 더 많은 에너지가 방출된다.

물 분자(H_2O)를 개별 원자로 분리하기 위해서는, 수소 분자나 산소 분자를 분리할 때보다 훨씬 더 많은 에너지가 필요하다. 물론 이렇게 분리된 수소와 산소 원자들이 다시 결합해 물 분자를 형성할 때는, 그만큼 더 큰 에너지가 그대로 방출된다.

이제 수소 분자와 산소 분자를 각각 수소 원자와 산소 원자로 분리한 뒤, 이들이 다시 결합하여 물 분자를 형성하는 과정을 상상해보자. 수소와 산소 분자를 분해하려면 일정한 양의 에너지를 공급해야 하지만, 그 다음에 이 원자들이 물 분자로 결합할 때는 훨씬 더 많은 에너지가 방출된다.

바로 이 때문에, 수소 기체와 산소 기체를 서로 섞어 물이 만들어지도록 하면 막대한 양의 에너지가 — 대부분 열의 형태로 — 방출된다.

단순히 수소와 산소를 섞는 것만으로는 충분하지 않다. 수소 분자와 산소 분자는 각각 분리되어야 하며, 이를 위해서는 약간의 에너지가 필요하다. 성냥불의 열은 혼합물의 온도를 높이고, 수소와 산소 분자들이 더 빠르고 격렬하게 움직이도록 만든다. 그 결과 일부 분자가 분리되어 개별 원자로 나뉘게 될 가능성이

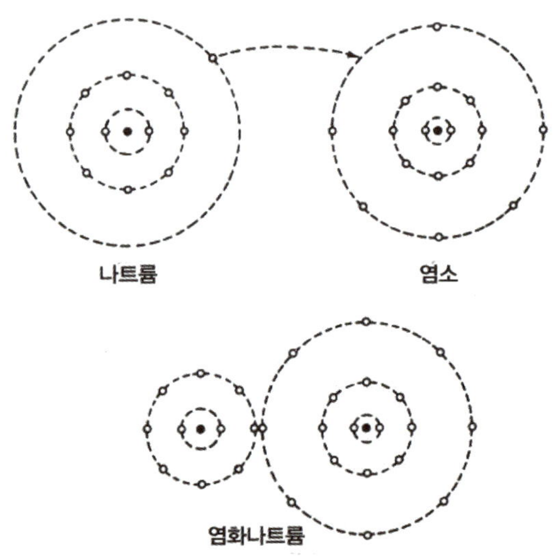

염화나트륨 분자의 형성 과정

커진다(실제 과정은 훨씬 복잡하지만).

그때 산소 원자 하나가 수소 분자(H_2)와 충돌하면 물 분자(H_2O)가 형성되며, 이때 방출되는 에너지는 성냥불에서 흡수된 에너지보다 훨씬 크다. 온도가 더욱 상승하면 산소와 수소 분자들이 계속 분해되고 반응이 더욱 활발해진다.

이러한 과정은 반복적으로 일어나, 아주 짧은 시간 안에 온도가 급격히 상승하고, 수소와 산소가 엄청난 속도로 결합하여 물을 형성한다. 만약 처음부터 수소와 산소가 충분히 잘 섞여 있다면, 반응 속도가 너무 빨라 폭발이 일어나게 된다.

이처럼, 반응의 일부가 에너지를 방출하여 시스템 전체의 에너지를 높이고, 그 결과 더 많은 반응을 일으키는 상황을 '연쇄 반응(chain reaction)'이라고 한다. 예를 들어, 큰 종이의 한 모서리에 성냥불을 대면 그 부분이 불타오르고, 그 열이 옆 부분을 태워나가며 결국 종이 전체가 타버리게 된다. 마찬가지로, 담배꽁초 하나의 불씨가 거대한 숲 전체를 태워버리는 파괴적인 연쇄 반응을 일으킬 수도 있다.

전자와 에너지

원자의 구조가 밝혀지면서 화학 에너지에 대한 이해는 한층 깊어졌다.

1904년, 독일의 화학자 리하르트 아베크(Richard Abegg, 1869~1910)는 원자들이 서로 전자를 주고받는 과정에서 결합이 이루어진다는 가설을 처음으로 제시했다.

이 과정을 이해하려면 먼저, 원자 내의 전자들이 여러 층의 껍질(shell) 속에 존재한다는 사실을 알아야 한다. 가장 안쪽 껍질에는 최대 2개의 전자만 들어갈 수 있고, 그다음 껍질에는 8개, 그다음에는 18개까지 들어갈 수 있다. 그리고 전자의 배열에는 특히 안정된 형태가 존재한다는 사실이 밝혀졌다.

만약 원자에 전자가 오직 가장 안쪽 껍질에만 존재하며, 그 껍질이 수용할 수 있는 2개의 전자로 완전히 채워져 있다면, 그것은 매우 안정된 상태다. 또 여러 껍질을 가진 원자의 경우, 가장 바깥쪽 전자껍질이 8개의 전자로 가득 차 있다면 그 역시 안정된 배열이다.

따라서 헬륨 원자는 단지 2개의 전자만 가지고 있어, 가장 안쪽 껍질이 완전히 채워진 상태이며, 이 배열이 매우 안정적이기 때문에 헬륨은 어떤 화학 반응도 일으키지 않는다. 네온 원자는 10개의 전자를 가지며—가장 안쪽 껍질에 2개, 그다음 껍질에 8개—역시 반응하지 않는다. 아르곤 원자는 18개의 전자를 가지며—2, 8, 8의 배열—역시 매우 안정적이다.

하지만 어떤 원자의 전자껍질이 그렇게 완전히 채워져 있지 않다면 어떻게 될까?

예를 들어, 나트륨 원자는 11개의 전자를 가지고 있어 그 배치는 2, 8, 1이고, 플루오린 원자는 9개의 전자를 가져 2, 7의 배치를 이룬다. 만약 나트륨 원자가 자기 전자 하나를 플루오린 원자에게 넘긴다면, 두 원자 모두 안정된 네온과 같은 전자 배치(2, 8)를 갖게 된다. 따라서 이런 일이 일어날 가능성은 매우 높다고 할 수 있다.

이렇게 전자가 이동하면, 전자를 하나 잃은 나트륨은 +1의 전하를 띠는 양이온 Na+이 되고, 전자를 하나 더 얻은 플루오린은 음이온 F$^-$ 된다. 서로 반대 전하를 띤 두 이온은 전기적 인력으로 끌어당겨 결합하며, 그 결과 염화나트륨(NaF) 분자가 형성된다.

1916년, 미국의 화학자 길버트 루이스(Gilbert Lewis, 1875~1946)는 이 개념을 한 단계 더 발전시켰다. 원자들은 단순히 전자를 하나 또는 여러 개 완전히 주고받는 방식으로만 결합하는 것이 아니라, 전자쌍을 서로 공유함으로써 결합할 수도 있다는 것이다. 이러한 공유 결합은 원자들이 서로 가까이 있을 때만 가능하며, 공유된 전자쌍을 끊어 두 원자를 떼어내려면 상당한 에너지가 필요하다. 이것은 서로 반대 전하를 띤 두 이온을 떨어뜨릴 때 에너지가 필요한 것과 같은 이치이다.

이처럼 분자 안에서 원자들이 '붙어 있다'거나 '떨어진다'는 막연한 개념은, 전자가 이동하거나 공유된다는 훨씬 더 구체적이고 정밀한 이해로 바뀌었다. 이러한 전자의 이동은 수학적으로도 다룰 수 있게 되었고, 이 새로운 체계는 '양자역학(quantum mechanics)'이라 불리게 되었다. 그 결과 화학은 그 어느 때보다 정밀한 과학으로 발전하게 되었다.

태양의 에너지

에너지 보존의 법칙이 제기한 가장 심각한 문제 중 하나는 바로 태양이었다. 1847년 이전까지만 해도 과학자들은 태양빛에 대해 의문을 품지 않았다. 태양이 막대한 양의 에너지를 방출하는 것은 자연스러운 현상으로 생각했으며, 지구가 자전한다는 사실 이상으로 신기하게 생각하지는 않았다.

그러나 헬름홀츠가 에너지는 새로 만들어지거나 사라질 수 없다고 밝힌 이후, 그는 태양의 에너지가 어디에서 비롯되는지를 반드시 물을 수밖에 없었다. 인류가 아는 한, 태양은 문명이 시작된 이래로 눈에 띄는 변화 없이 끊임없이 열과 빛을 방출해왔으며, 생물학자와 지질학자들의 추정에 따르면 그보다 훨씬 더 오랜 세월 동안 그러해왔다. 그렇다면 그 막대한 에너지는 어디에서 오는 것일까?

태양은 거대한 불덩이처럼 보였다. 그렇다면 정말로 태양이 거대한 연료 덩어리, 즉 화학 에너지를 열과 빛으로 바꾸며 타오르는 거대한 화덕일 수 있을까?

태양의 질량과, 태양이 방출하는 에너지의 양은 이미 알려져 있었다. 태양의 전체 질량이 수소와 산소의 혼합물이라고 가정하고, 그것이 현재의 밝기와 열을 유지할 만큼의 속도로 연소된다고 하자. 그렇게 계산하면 태양 속의 수소와 산소는 단 1,500년 만에 모두 소모되어 버린다. 어떤 화학 반응으로도 태양이 피라미드가 세워진 이래로 — 더 나아가 공룡이 살던 시대부터 지금까지 — 열과 빛을 방출해왔다는 사실을 설명할 수 없었다.

그렇다면 화학 에너지보다 더 강력한 다른 에너지 원천이 존재할까? 예를 들어 운동 에너지는 어떨까? 헬름홀츠는 하나의 가설을 제시했다. 운석들이 일정한 속도로 태양으로 낙하하고 있으며, 이들이 충돌하면서 생기는 에너지가 열과 빛으로 바뀌어 태양이 계속 빛날 수 있다는 것이었다. 만약 운석의 공급이 지속된다면, 태양은 이 에너지원 덕분에 수백만 년 동안이라도 밝게 빛날 수 있을 것이다.

그러나 이 가설에는 문제가 있었다. 만약 태양이 지속적으로 운석을 끌어들이고 있다면, 그 질량은 점점 늘어나야 하고, 그에 따라 태양의 중력 또한 꾸준히 강해져야 한다. 태양의 중력이 커진다면 지구의 공전 궤도와 속도에도 변화가 생겨, 한 해의 길이가 눈에 띄게 짧아져야 한다. 하지만 실제로는 그런 변화가 전혀 관찰되지 않았다.

1854년, 헬름홀츠는 더 설득력 있는 설명을 제시했다. 그는 태양이 '서서히 수축하고 있다'고 주장했다. 태양의 바깥층이 안쪽으로 떨어지면서, 낙하 운동에 따른 위치에너지가 열과 빛으로 바뀌어 방출된다는 것이다. 더욱이 이 과정에서는 태양의 질량이 전혀 변하지 않으므로, 앞선 가설보다 훨씬 자연스러운 설명이었다.

헬름홀츠는 계산을 통해, 인류가 기록한 약 6천 년의 역사 동안 태양의 지름이 단지 560마일(약 900km) 줄어들었을 것이라고 추정했다. 이 정도 변화는 육안으로는 전혀 감지할 수 없는 수준이었다. 망원경이 발명된 지 250년이 지난 당시까지의 기간을 기준으로 해도, 태양 지름의 감소는 겨우 23마일(약 37km)에 불과했으며, 헬름홀츠의 시대에 존재한 어떤 측정 기술로도 포착할 수 없을 만큼 미세한 차이였다.

그러나 역으로 계산해보면, 약 2,500만 년 전에는 태양이 지구 궤도를 가득 메울 만큼 거대했어야 한다는 결론이 나온다. 그렇다면 그 시점에는 지구가 존재할 수 없었을 것이다. 따라서 헬름홀츠의 계산에 따르면, 지구의 나이는 최대 2,500만 년에 불과했다.

이 결론은 지질학자와 생물학자들을 당혹스럽게 만들었다. 지각의 완만한 변형 과정과 생명의 진화 속도를 고려할 때, 지구는 최소 수억 년 동안 — 지금과 크게 다르지 않은 형태로 태양의 열과 빛을 받아오며 — 존재해왔음이 분명해 보였기 때문이다.

하지만 태양 에너지의 원천을 설명할 다른 방법은 전혀 없어 보였다. 그렇다면 에너지 보존의 법칙이 틀렸다는 것일까? (그럴 가능성은 거의 없었다.) 혹은 지질학자와 생물학자들이 오랜 세월에 걸쳐 축적한 증거들이 모두 잘못된 것일까? (이 역시 믿기 어려웠다.) 그렇다면 남은 가능성은 단 하나, '19세기 인류가 아직 알지 못한, 화학적 에너지보다 훨씬 거대한 새로운 에너지원이 존재한다는 것'이었다.

그러나 이것 또한 터무니없어 보였다. 그런데, 그 믿기 힘든 가능성이 실제로 드러나게 된다. 1896년, 바로 '방사능의 발견'과 함께였다.

방사능의 에너지

결국 방사능 현상은 에너지를 방출하는 과정이라는 사실이 분명해졌다. 우라늄은 감마선을 방출하는데, 이 감마선은 우리가 알고 있는 일반적인 빛보다 약 10만 배나 더 강력한 에너지를 지니고 있었다. 게다가 알파 입자는 초당 약 3만km의 속도로 방출되었고, 훨씬 가벼운 베타 입자는 초당 25만km ― 즉 빛의 속도의 약 0.8배 ― 에 이르는 엄청난 속도로 튀어나왔다.

처음에는 방사성 물질이 방출하는 총에너지가 너무 미미해 보였기 때문에, 과학자들은 굳이 주목할 필요를 느끼지 못했다. 예를 들어, 우라늄 1그램이 1초 동안 방사능을 통해 내보내는 에너지는, 초 한 자루가 타며 내는 에너지에 비하면 아주 작은 일부분에 불과했다.

하지만 몇 년이 지나자 과학자들은 놀라운 사실을 깨닫게 되었다. 우라늄 한 덩어리가 1초 동안 내보내는 에너지는 매우 적었지만, 그 과정이 끊임없이 — 초마다, 날마다, 달마다, 해마다 — 감소 없이 계속된다는 것이었다. 그렇게 오랜 세월 동안 방출된 에너지를 합산하면 그 총량은 엄청나게 커졌다.

결국 밝혀진 바에 따르면, 우라늄이 방출하는 에너지의 속도는 시간이 지나며 서서히 감소하지만, 그 감소는 믿기 어려울 만큼 느리게 일어난다. 처음의 절반으로 줄어드는 데 무려 45억 년이 걸린다!

따라서 우라늄 1그램이 방사능 붕괴 과정을 거치는 수십억 년 동안 방출하는 총 에너지를 모두 합치면, 같은 질량의 초가 연소하면서 내는 에너지보다 훨씬 더 큰 양이 된다.

다르게 말하자면, 하나의 우라늄 원자가 붕괴하면서 알파 입자를 방출하는 과정과, 하나의 탄소 원자가 두 개의 산소 원자와 결합해 이산화탄소를 형성하는 과정을 비교해보자. 우라늄 원자가 붕괴할 때 방출하는 에너지는, 탄소 원자가 산소와 결합할 때 방출하는 에너지의 약 200만 배에 달한다.

방사능에서 나오는 에너지는 화학 반응으로 방출되는 에너지보다 수백만 배나 강하다. 그럼에도 인류가 방사능의 존재를 오랫동안 알아차리지 못한 반면, 화학 반응에는 익숙했던 이유는 두 가지였다.

첫째, 대부분의 방사성 변화 과정이 매우 느리게 일어나기 때문에, 방출되는 막대한 에너지가 어마어마하게 긴 시간에 걸쳐 분산되어 1초 단위로 보면 거의 미미하게 보이기 때문이다.

둘째 이유는, 화학 반응은 농도, 온도, 압력, 혼합 상태 등 여러 조건을 조절함으로써 쉽게 제어할 수 있기 때문이다. 덕분에 화학 반응은 관찰하고 연구하기가 훨씬 수월했다. 반면 방사성 변화의 속도는 어떠한 수단으로도 바꿀 수 없는 것처럼 보였다. 초기 연구자들은 예를 들어 우라늄-238의 붕괴 속도를 높이려 여러 시도를 했지만, 열을 가하거나 압력을 높이거나 화합 형태를 바꾸는 등 어떤 방법을 써도 변화가 없음을 알았다. 그 붕괴는 믿기 어려울 만큼 느리게, 일정한 속도로만 진행되었다.

그럼에도 불구하고, 마침내 방사능이 발견되었고 그 에너지의 강도 역시 인식하게 되었다. 1902년 마리 퀴리와 그녀의 남편 피에르 퀴리(Pierre Curie, 1859~1906)가 그 사실을 명확히 밝혀낸 것이다.

그렇다면 그 에너지는 어디서 오는 것일까? 외부로부터 유입되는 것일까? 방사성 원자들이 주변으로부터 에너지를 흡수해 수백만 배로 농축한 뒤, 한꺼번에 방출할 수 있는 것일까?

이처럼 에너지를 외부에서 끌어모아 수백만 배로 농축하는 것은 '열역학 제2법칙'을 위반하는 일이다. 이 법칙은 1850년 독일의 물리학자 루돌프 클라우지우스(Rudolf Clausius, 1822~1888)가 처음 제시했으며, 그 유용성이 너무 명확해서 물리학자들은 도저히 다른 설명이 불가능할 때가 아니면 이 법칙을 포기하려 하지 않았다.

또 다른 가능성은 방사성 원자들이 아무런 원인 없이 스스로 에너지를 만들어낸다는 것이었다. 하지만 이것은 '에너지 보존의 법칙' — 즉 '열역학 제1법칙' — 을 정면으로 위반하는 셈이었다. 당연히 물리학자들은 이 설명도 받아들이기를 꺼렸다.

결국 남은 가능성은 단 하나였다. '원자 내부 어딘가에 인류가 지금까지 전혀 알지 못했던 새로운 형태의 에너지원이 존재한다는 것.' 방사능이 발견되기 전까지는 드러나지 않았던 바로 그 에너지가, 원자 속 깊은 곳에 숨어 있었다는 가설이었다. 앙리 베크렐이 이 생각을 가장 먼저 제시한 과학자 중 한 사람이었다.

처음에는 이러한 에너지원이 오직 방사성 원소들 내부에만 존재하는 것으로 여겨졌다. 그러나 1903년, 러더퍼드는 모든 원자가 그 내부에 막대한 에너지의 저장고를 지니고 있다고 제안했다. 우라늄이나 토륨 같은 원소는 단지 그 에너지가 아주 조금씩 '새어 나오는' 것에 불과하며, 바로 그 점이 이들을 다른 원소와 구분짓는 유일한 차이라는 것이다.

만약 원자 속에 막대한 양의 에너지가 실제로 존재한다면, 태양 에너지의 수수께끼 역시 그곳에서 해답을 찾을 수 있을지도 모른다. 이미 1899년에 미국의 지질학자 토머스 체임벌린(Thomas

Chamberlin, 1843~1928)은 방사능과 태양의 에너지 사이에 어떤 연관이 있을 가능성을 제기하고 있었다.

만약 태양을 움직이는 힘이 새롭게 발견된 이 에너지 — 물론 꼭 일반적인 방사능일 필요는 없지만 — 의 한 형태라면, 즉 화학 에너지보다 수백만 배 강력한 에너지라면, 태양은 눈에 띄는 물리적 변화 없이도 수억 년 동안 열과 빛을 방출할 수 있을 것이다. 우라늄이 수십억 년에 걸쳐 거의 변하지 않은 채 에너지를 방출하듯이 말이다. 그렇다면 태양은 수축할 필요도 없고, 2천 5백만 년 전에 지구 궤도를 채울 만큼 거대했을 필요도 없었을 것이다.

이 모든 것은 매우 흥미로운 발견이었다. 그러나 1900년 당시에는 아직 원자의 구조조차 명확히 밝혀지지 않았기 때문에, 이러한 새로운 에너지는 단지 막연한 가설에 불과했다. 그것이 실제로 어떤 형태의 에너지인지, 혹은 원자의 어느 부분에서 나오는 것인지 아무도 알지 못했다. 단지 그것이 '원자 내부에 존재한다'고만 말할 수 있었고, 그래서 사람들은 이를 '원자 에너지(atomic energy)'라 불렀다. 이 명칭은 오랫동안 관습적으로 사용되어 왔기 때문에 오늘날에도 여전히 쓰인다.

그러나 사실 '원자 에너지'라는 표현은 그다지 적절하지 않다. 20세기 초 수십 년 동안의 연구를 통해, 일반적인 화학 에너지가 전자의 이동에서 비롯된다는 사실이 밝혀졌다. 그리고 전자는 분명히 원자의 구성 요소였다. 그런 의미에서 보면, 장작이 타는 불도 일종의 '원자 에너지'라고 할 수 있게 된다.

하지만 전자는 원자의 바깥쪽 영역에서만 존재했다. 러더퍼드가 핵을 중심에 둔 원자 모형을 제시하고 나서야, 방사성과 태양이 방출하는 에너지는 가벼운 전자로는 설명될 수 없다는 사실이 분명해졌다. 그 에너지는 훨씬 더 무겁고 더 큰 에너지를 지닌 구성요소와 관련되어야 했다. 결국 그 에너지는 어떤 방식으로든 원자핵에서 나오는 것일 수밖에 없었다.

따라서 방사능과 태양의 에너지에 관여하는 것은 바로 '핵에너지(nuclear energy)'이다. 이것이야말로 올바른 명칭이다.

다음 장에서는, 20세기의 문이 열리던 무렵 과학자들의 의식을 충격과 경이로 몰아넣었던 이 핵에너지의 역사 — 그리고 불과 반세기 뒤 인류가 선과 악을 아우르는 상상할 수 없는 결과들과 마주하게 된 그 이야기 — 를 살펴보게 될 것이다.

제2부

질량과 에너지
중성자
원자핵의 구조

질량과 에너지 MASS AND ENERGY

1900년경부터 물리학자들은 원자 안에 상상조차 하지 못했던 막대한 에너지 저장소가 존재한다는 사실을 서서히 깨닫기 시작했다. 원자 속의 에너지는 화학적 에너지의 수백만 배에 달했으며, 처음에는 그 엄청난 규모를 믿기 어려웠다. 그러나 곧 이어진 연구의 결과는, 그 에너지의 크기가 충분히 이해될 만한 것임을 보여주었다. 놀랍게도 그 연구가 처음에는 에너지와 전혀 관계가 없어 보이는 방향에서 출발했다는 것이다.

예를 들어, 한 사람이 시속 20km로 달리는 평탄한 화차 위에서 앞쪽으로 공을 시속 20km의 속도로 던졌다고 하자. 도로변에서 이를 바라보는 사람에게는 그 공이 시속 40km로 날아가는 것처럼 보일 것이다. 즉, 던지는 사람의 속도와 공의 속도가 더해진 것처럼 보이는 것이다.

만약 시속 20km로 뒤쪽으로 움직이는 화차 위에 선 사람이 시속 20km의 속도로 앞쪽으로 공을 던진다면, 도로변에서 지켜

보는 사람에게는 그 공이 던져진 뒤 전혀 움직이지 않는 것처럼 보일 것이다. 공은 단지 제자리에 떨어질 뿐이다.

19세기 당시에는 빛이 이와 다르게 움직인다고 생각할 이유가 없었다. 빛은 초당 약 30만km라는 엄청난 속도로 이동한다는 것이 알려져 있었고, 지구는 태양 주위를 초당 약 30km의 속도로 공전하고 있었다. 따라서 지구 위의 어떤 지점에서 출발한 빛이 지구의 진행 방향으로 나아간다면 그 속도는 초당 300,030km가 될 것이고, 반대로 지구의 운동 방향에 거슬러 나아간다면 초당 299,970km가 될 것이라고 생각하는 것은 지극히 당연했다.

이처럼 거대한 속도에서 생기는 이 미세한 차이를 과연 측정할 수 있을까?

독일계 미국 물리학자 알버트 마이컬슨(Albert Michelson, 1852~1931)은 서로 다른 방향으로 나아가는 빛의 속도를 매우 정밀하게 비교할 수 있는 정교한 장치, 간섭계(interferometer)를 고안했다. 1887년 그는 미국의 화학자 에드워드 몰리(Edward Morley, 1838~1923)와 함께, 서로 다른 방향으로 진행하는 빛의 속도를 비교 측정하는 실험을 시도했다. 실험의 일부는 미국 해군사관학교에서, 또 일부는 케이스 연구소(Case Institute)에서 수행되었다.

그 결과는 완전히 예상을 벗어났다. 측정된 빛의 속도 사이에 아무런 차이가 없었던 것이다. 빛이 지구의 운동 방향으로 향하든, 반대 방향으로 향하든, 혹은 그 사이의 어떤 각도로 나아가든, 빛의 속도는 언제나 정확히 동일하게 나타났다.

이 현상을 설명하기 위해 독일계 스위스 출신의 미국 과학자 알베르트 아인슈타인(Albert Einstein, 1879`~1955)은 1905년에 '특수상대성이론'을 제시했다. 아인슈타인의 견해에 따르면, 속도는 단순히 더하거나 뺄 수 있는 것이 아니었다. 시속 20km로 움직이는 사람이 같은 방향으로 시속 20km의 속도로 공을 던진다고 해도, 도로변의 관찰자에게는 그 공이 시속 40km로 날아가는 것이 아니라 그보다 아주 조금 느리게 보일 것이다. 그 차이는 너무나 미세해서 일반적인 방법으로는 측정할 수 없을 정도다.

그러나 속도가 점점 더 빨라질수록, 속도를 단순히 더하거나 뺄 때 생기는 불일치는 점점 커졌다(이는 아인슈타인이 유도한 식에 따른 것이다). 그리하여 시속 수만km에 이르는 속도에서는 그 불일치를 쉽게 측정할 수 있었다. 아인슈타인이 한계 속도라고 밝힌 빛의 속도에 이르면, 관찰자는 결코 그 속도에 도달할 수 없으며, 빛을 내는 물체가 아무리 빠르게 움직이더라도 그 속도는 빛의 속도에 아무런 영향을 주지 못한다.

이와 함께 여러 가지 다른 효과들도 동반된다는 것이 아인슈타인의 이론에서 드러났다. 그의 논리에 따르면, 질량을 가진 어떤 물체도 빛의 속도보다 더 빠르게 움직일 수는 없었다. 또한 물체의 속도가 빨라질수록, 정지해 있는 관찰자가 볼 때 그 물체의 운동 방향을 따라 있는 길이는 점점 짧아지고, 질량은 점점 커진다.

예를 들어 초속 26만km의 속도로 움직이는 경우, 그 물체의 운동 방향상의 길이는 정지 상태의 절반으로 줄어들고, 질량은 두 배가 된다. 빛의 속도에 가까워질수록 그 길이는 운동 방향을 따라 0에 가까워지고, 질량은 무한대로 향하게 된다.

정말 그럴 수 있을까? 일상적인 물체는 그 속도가 너무 느려서 길이나 질량의 변화를 측정할 수 없었다. 그러나 수만km의 속도로 움직이는 아원자 입자라면 어떨까? 독일 물리학자 알프레드 부헤러(Alfred Bucherer, 1863~1927)는 1908년에, 빠르게 움직이는 전자의 질량이 아인슈타인의 이론이 예측한 만큼 실제로 증가한다고 보고했다. 이후 실험을 통해 에너지에 따른 질량 증가가 매우 정밀하게 확인되었다. 아인슈타인의 특수상대성이론은 이후 수많은 실험적 검증을 거쳤으며, 오늘날에도 물리학자들 사이에서 일반적으로 받아들여지고 있다.

아인슈타인의 이론은 또 다른 결론을 낳았다. 그는 질량이 일종의 에너지 형태라는 사실을 도출해냈다. 그는 질량과 에너지의 관계, 즉 '질량-에너지 등가식'을 다음과 같은 식으로 표현했다.

$$E = mc^2$$

여기서 E는 에너지, m은 질량, c는 빛의 속도를 나타낸다.

질량을 그램으로, 빛의 속도를 초당 센티미터로 측정하면, 이 식은 '에르그(erg)'라는 단위로 에너지 값을 나타내게 된다. 그 결과 1그램의 질량은 900,000,000,000,000,000,000, 즉 900경 (9×10^{10}) 에르그의 에너지와 같다. 에르그는 매우 작은 에너지 단위이지만, 900경이라는 숫자가 되면 그 양은 엄청나다.

1그램의 질량이 지닌 에너지는 — 보통 단위로 말하면 1그램은 1온스의 28분의 1에 불과하지만 — 100와트 전구 하나를 3만 5천 년 동안 밝힐 수 있을 정도다.

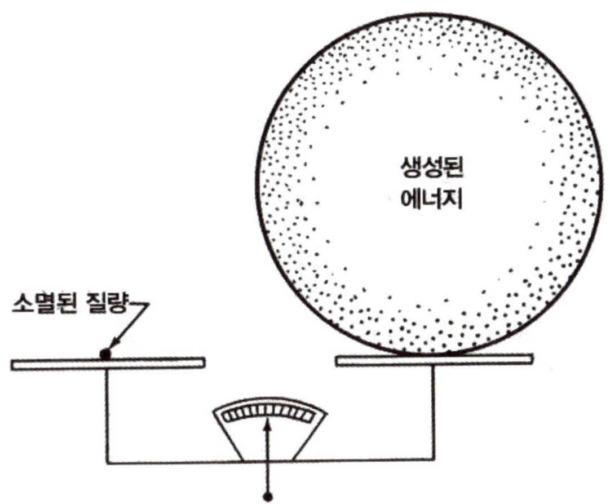

생성된 에너지와 소멸된 질량의 비교

질량의 극히 작은 양과 그에 해당하는 막대한 에너지의 차이가 너무 커서, 오랫동안 이 둘의 관계는 눈에 띄지 않았다. 화학 반응이 에너지를 방출할 때, 반응에 참여한 물질의 질량은 아주 조금 줄어든다. 그러나 그 감소량은 극히 미미하다.

예를 들어, 휘발유 1갤런을 연소시킨다고 하자. 휘발유 1갤런의 질량은 약 2,800그램이며, 약 10,000그램의 산소와 결합해 이산화탄소와 물을 생성하면서 1조 3,500억 에르그의 에너지를 낸다. 이는 상당한 에너지로, 자동차를 약 25~30km 정도 주행시킬 수 있다. 그러나 아인슈타인의 식에 따르면, 그 모든 에너지는 1그램의 백만 분의 1보다 약간 많은 질량에 해당할 뿐이다. 즉, 처음에는 총 12,800그램의 반응 물질로 시작하지만, 반응이 끝난 뒤에도 약 12,800그램에서 1그램의 백만 분의 1 정도가 에너지로 방출된 만큼 줄어들 뿐이다(휘발유는 연소 후 사라지는 것이 아니라 CO_2와 H_2O 같은 기체로 바뀌어 퍼질 뿐이다. 질량은 거의 그대로 남고, 에너지로 전환되는 양은 지극히 적다).

19세기의 화학자들이 사용하던 어떤 측정 장비로도, 이렇게 큰 총질량 속에서 백만 분의 일그램에 불과한 질량 감소를 감지할 수는 없었다. 그러니 라부아지에 이후의 과학자들이 질량보존의 법칙이 완벽히 성립한다고 믿은 것도 무리가 아니었다.

방사성 변화는 화학적 변화보다 원자 하나당 훨씬 더 많은 에너지를 방출하며, 그에 따라 질량의 감소 비율도 그만큼 더 컸다. 그리고 방사성 변화에서 나타나는 질량의 감소량은, 아인슈타인이 예측한 바로 그 방식으로 에너지 생성량과 정확히 일치하는 것으로 밝혀졌다.

따라서 1905년 이후에는 질량보존의 법칙이라는 말이 더 이상 완전히 정확하지 않게 되었다. 물론 일반적인 화학 반응에서는 질량이 거의 보존되므로, 화학자들은 여전히 그 법칙을 편리하게 사용할 수 있었다. 그러나 보다 정확히 말하자면, 이제는 '에너지 보존의 법칙'을 이야기해야 한다. 질량 또한 에너지의 한 형태이며, 그중에서도 가장 농축된 형태라는 사실을 기억해야 한다.

질량-에너지 등가 관계는 왜 원자 속에 그렇게도 방대한 에너지가 저장되어 있는지를 완벽히 설명해 주었다. 사실 놀라운 것은, 방사성 붕괴가 그 잠재된 에너지에 비해 너무나 적은 양의 에너지만을 방출한다는 점이었다. 한 개의 우라늄 원자가 여러 단계를 거쳐 납 원자로 붕괴할 때 방출하는 에너지는, 같은 원자가 어떤 격렬한 화학 반응에 참여하더라도 나올 수 있는 에너지보다 백만 배나 컸다. 그러나 그렇게 엄청난 방출 에너지조차도, 우라늄 원자의 질량이 지닌 전체 에너지의 약 0.5%에 불과했다.

　러더퍼드가 원자의 핵 구조 이론을 세운 뒤, 질량−에너지 등가 관계에 따르면 방사능 에너지의 근원은 거의 모든 질량이 집중되어 있는 원자핵 내부일 가능성이 높다는 사실이 분명해졌다. 따라서 물리학자들의 관심은 자연스럽게 원자핵으로 향하게 되었다.

핵의 구조 THE STRUCTURE OF THE NUCLEUS

양성자

1886년, 음극선을 연구하던 오이겐 골트슈타인은 그 반대 방향으로 움직이는 또 다른 종류의 선(線)에도 주목했다. 음극선, 즉 전자는 음의 전하를 띠므로, 반대 방향으로 움직이는 선은 당연히 양의 전하를 띠고 있어야 했다. 1907년 J. J. 톰슨은 이러한 선을 '양의선(positive rays)'이라고 불렀다(양의선은 톰슨이 사용한 용어로 현대에는 사용되지 않으며 캐널선이나 양이온 빔으로 부른다).

러더퍼드가 원자의 핵 구조 이론을 세운 이후, 이 양의선은 여러 개의 전자가 떨어져 나간 원자핵이라는 사실이 명확해졌다. 그리고 이 원자핵들은 크기가 서로 달랐다.

그렇다면 원자핵은 각각이 독립된 단일 입자일까? 아니면 몇 가지 한정된 종류의 더 작은 입자들이 모여 이루어진 구조일까? 원자핵이 양의 전하를 띠는 것은, 혹시 전자와 닮았지만 음이 아닌 양의 전하를 지닌 입자 때문일 수도 있을까?

그러나 이른바 '양전자(positive electron)'를 원자핵 속에서 찾아내려는 모든 시도는 실패로 끝났다. 발견된 원자핵 중 가장 작은 것은 수소 원자의 단 하나뿐인 전자를 떼어내서 얻은 것이었다. 이 수소 원자핵은 정확히 전자 한 개의 음전하와 같은 크기의 양전하를 띠고 있었다. 하지만 질량은 전자보다 훨씬 더 컸다. 양전하 하나를 가진 이 수소 원자핵은, 음전하 하나를 가진 전자보다 약 1837배나 더 무거웠다.

그렇다면 수소 원자핵의 질량 속에서 그 양전하를 떼어낼 수 있을까? 물리학자들이 어떤 방법을 써도 그것은 불가능했다. 1914년, 러더퍼드는 그 시도가 무의미하다고 결론 내렸다. 그는 비록 수소 원자핵이 전자보다 훨씬 무겁지만, 음전하의 기본 단위가 전자이듯이, 양전하의 기본 단위로 수소 원자핵을 삼아야 한다고 제안했다. 그리고 그가 이를 '양성자(proton)'라 불렀는데, 이는 수소가 첫 번째 원소이기 때문에 그리스어로 '첫째'를 뜻하는 'protos'에서 따온 이름이었다.

왜 양성자가 전자보다 그렇게나 무거운가 하는 문제는, 여전히 물리학의 미해결 수수께끼로 남아 있다.

양성자-전자 이론

다른 원소들의 원자핵은 어떠할까?

수소보다 무거운 다른 모든 원소들의 원자핵은, 자연스럽게 생각하면 여러 개의 양성자가 빽빽이 모여 이루어진 것이라 여겨졌다. 예를 들어, 질량이 수소의 4배인 헬륨의 원자핵은 4개의 양성자로 구성되어 있을 수 있고, 질량수가 16인 산소의 원자핵은 16개의 양성자로 이루어져 있을 수 있다는 식이다.

그러나 이런 추측은 곧바로 어려움에 부딪혔다. 헬륨 원자핵의 질량수는 4이지만, 실제 전하량은 +2였다. 만약 그것이 4개의 양성자로 이루어져 있다면 전하량은 +4가 되어야 할 것이다. 같은 논리로, 16개의 양성자로 이루어졌다고 가정한 산소 원자핵은 +16의 전하를 가져야 하지만, 실제로는 +8이었다.

혹시 양전하의 일부가 어떤 방식으로 상쇄되고 있는 것은 아닐까? 그럴 수 있는 것은 음전하뿐이었고, 1914년 당시 알려진 음전하를 지닌 입자는 오직 전자뿐이었다(원자핵의 구조를 밝혀내려는 시도는 결국 잘못된, 그러나 유용한 하나의 이론을 낳

았으며, 그 이론은 1920년대 내내 받아들여졌다. 이 시기에 이루어진 핵과학의 위대한 진보들은 모두 이 잘못된 이론의 틀 안에서 이루어졌고, 역사적 정확성을 위해 이 책에서도 그 시대의 관점에 따라 그렇게 서술되었다. 곧 현재 올바른 것으로 받아들여지는 이론이 제시될 것이며, 이전의 개념이 어떻게 바뀌었는지를 확인하게 될 것이다).

따라서 원자핵 안에는 양성자 외에도 그 절반쯤 되는 수의 전자가 함께 들어 있을 것이라고 생각하는 것이 합리적으로 보였다. 전자는 매우 가벼우므로 질량에는 큰 영향을 주지 않으면서, 일부 양전하를 상쇄시킬 수 있었던 것이다.

(지금은 잘못된 것으로 밝혀진) 이 초기 가설은 다음과 같았다. 헬륨 원자핵은 4개의 양성자뿐 아니라 2개의 전자를 함께 가지고 있다. 그렇다면 헬륨 원자핵의 질량수는 4이고, 전하(즉 원자번호)는 4-2=2가 되어 실제 관찰과 일치한다는 것이었다.

이른바 '양성자-전자 이론(proton-electron theory)'은 동위원소의 존재를 매우 그럴듯하게 설명해주는 듯했다. 예를 들어 산소-16의 원자핵은 16개의 양성자와 8개의 전자로 이루어져 있고, 산소-17은 17개의 양성자와 9개의 전자, 산소-18은 18개의 양성자와 10개의 전자로 구성되어 있다고 생각할 수 있었다. 이렇게 하면 질량수는 각각 16, 17, 18이 되지만, 원자번호(즉 핵의 순수 양전하)는 16-8, 17-9, 18-10으로 계산되어 모두 8이 된다.

마찬가지로, 이 이론에 따르면 우라늄-238의 원자핵은 238개의 양성자와 146개의 전자로 이루어져 있고, 우라늄-235의 원자핵은 235개의 양성자와 143개의 전자로 이루어져 있다. 이 경우에도 원자번호는 각각 238-146, 235-143으로 계산되어 모두 92가 된다. 그러나 두 동위원소의 원자핵 구조는 서로 다르므로, 핵과 관련된 성질 — 즉 방사능 특성 — 역시 달라지는 것은 당연했다. 실제로 우라늄-238의 반감기는 우라늄-235의 여섯 배나 길다.

핵 안에 전자가 존재한다는 가정은 동위원소의 존재를 설명할 뿐 아니라, 두 가지 다른 근거에 의해서도 타당한 것으로 여겨졌다.

첫째, 같은 종류의 전하는 서로 밀어내며, 그 거리가 가까워질수록 반발력은 더욱 강해진다는 사실은 잘 알려져 있다. 수십 개의 양전하 입자들이 원자핵이라는 극히 작은 부피 안에 밀집되어 있다면, 그것들이 1초의 극히 일부분이라도 함께 머물러 있을 수는 없을 것이다. 전기적 반발력이 즉시 그것들을 서로 밀어내 흩어지게 만들 것이다.

반대로, 서로 다른 전하는 끌어당긴다. 따라서 양성자와 전자는 두 개의 양성자(또는 두 개의 전자)가 서로 미는 만큼 강하게 서로를 끌어당긴다. 그래서 여러 양성자가 모여 있는 원자핵 속에 전자들이 함께 존재한다면, 이 전자들이 양성자들 사이의 반발력을 어느 정도 억제하여 원자핵을 안정시킬 수 있을지도 모른다고 여겨졌다.

둘째, 방사성 붕괴 중에는 베타 입자가 원자 밖으로 방출되는 경우가 있다. 방출되는 에너지의 크기로 보아, 이 입자들은 원자핵 내부에서 나올 수밖에 없었다. 베타 입자가 전자이며, 그것이 원자핵에서 방출된다는 사실로부터, 처음부터 원자핵 안에 전자가 존재한다고 생각하는 것이 자연스러워 보였다.

이 양성자-전자 이론은 방사능의 여러 현상도 무척 그럴듯하게 설명해주는 듯했다.

예를 들어, 방사능은 왜 존재하는가? 원자핵이 복잡해질수록 더 많은 양성자가 그 작은 공간 안에 압축되어 들어가야 하고, 그렇게 될수록 서로를 붙잡아 두기가 점점 더 어려워진다. 따라서 양성자들 사이의 반발력을 억제하기 위해 더 많은 전자가 필요하게 된다. 하지만 양성자의 수가 84개를 넘어서면, 아무리 많은 전자가 있어도 더 이상 원자핵을 안정시키기에는 충분하지 않게 된다고 생각되었다.

붕괴 방식도 이 이론과 잘 맞는다. 어떤 원자핵이 알파 입자를 방출한다고 해보자. 알파 입자는 이 이론에 따르면 4개의 양성자와 2개의 전자로 이루어진 헬륨의 원자핵이다. 따라서 어떤 핵이 알파 입자를 잃으면 질량수는 4만큼 줄고, 원자번호는 4 -

2, 즉 2만큼 줄어야 한다. 실제로도, 우라늄-238(원자번호 92)이 알파 입자를 방출하면 토륨-234(원자번호 90)가 된다.

이번에는 베타 입자를 방출하는 경우를 생각해보자. 베타 입자는 전자이므로, 핵이 전자를 하나 잃어도 질량수는 거의 변하지 않는다. 전자는 너무 가벼워서 핵과 비교하면 그 질량을 무시할 수 있기 때문이다. 하지만 음전하 하나가 사라지는 결과가 된다. 그 결과, 원래 전자에 가려져 있던 양성자 하나가 드러나게 되고, 그 양성자의 양전하가 전체에 더해져 원자번호가 하나 올라간다. 이렇게 해서 토륨-234(원자번호 90)는 베타 입자를 방출하여 프로트악티늄-234(원자번호 91)로 변한다.

감마선이 방출될 때, 그 감마선은 전하를 띠지 않으며 질량도 거의 없다. 따라서 원자핵의 에너지 상태는 변하더라도, 질량수나 원자번호는 변하지 않는다.

더 복잡한 변화들도 고려할 수 있다. 결국 우라늄-238은 여러 단계의 변화를 거쳐 납-206으로 변한다. 이 변화 과정에는 알파 입자 8개와 베타 입자 6개의 방출이 포함된다. 알파 입자 8개는 각각 질량수가 4이므로, 총 $8 \times 4 = 32$만큼 질량수가 감소하며, 베타 입자는 질량수에 영향을 주지 않는다. 실제로 우라늄-238의 질량수는 32가 줄어 납-206이 된다.

한편, 알파 입자 8개의 방출은 원자번호를 $8 \times 2 = 16$만큼 감소시키며, 베타 입자 6개의 방출은 $6 \times 1 = 6$만큼 원자번호를 증가

시킨다. 결과적으로 원자번호의 전체 변화는 16-6=10의 감소가
된다. 실제로 우라늄(원자번호 92)은 원자번호 82인 납으로 변
한다.

양성자-전자 이론에 따른 원자핵 구조를 이렇게 세부적으로
살펴보는 것은 그 이론이 얼마나 그럴듯하게 보였는지를 이해
하는 데 도움이 된다. 이 이론은 견고하고 흔들림 없는 것으로
여겨졌으며, 실제로 물리학자들은 약 15년 동안 이를 만족스럽
게 사용해왔다.

그러나 곧 보게 되겠지만, 이 이론은 잘못된 것이었다. 이 사
실은 중요한 교훈을 준다. 아무리 그럴듯한 이론이라도 세부적
인 부분에서 오류가 있을 수 있으며, 때로는 전면적인 수정이
필요하다는 것이다.

핵 속의 양성자

그럼에도 불구하고, 당시 받아들여지고 있던 양성자-전자 이
론의 틀 안에서 1920년대에 이루어진 몇 가지 진전을 계속 살펴
보기로 하자.

원자핵은 일정한 수의 양성자로 이루어져 있으므로, 양성자의 질량을 1로 본다면 핵의 질량 역시 정수여야 한다. (전자도 약간의 질량을 더하지만, 단순화를 위해 여기서는 무시하기로 한다.)

동위원소가 처음 발견되었을 때만 해도, 핵의 질량이 정수로 보이는 것은 당연한 일처럼 여겨졌다. 그러나 애스턴이 질량분석기를 이용해 1920년대 내내 여러 핵의 질량을 점점 더 정밀하게 측정한 결과, 핵의 질량은 정수에서 아주 조금씩 벗어나 있다는 사실이 밝혀졌다. 일정한 수의 양성자가 단독으로 존재할 때와, 핵 속에 함께 결합되어 있을 때의 질량이 서로 달랐던 것이다.

현대의 기준으로 보면, 양성자 하나의 질량은 1.007825이다. 따라서 양성자 12개의 질량을 합치면 12×1.007825, 즉 12.0939가 된다. 그러나 이 12개의 양성자가 함께 결합하여 탄소-12의 원자핵을 이루면, 그 질량은 정확히 12가 된다. 즉, 핵 속에 들어간 양성자 하나하나의 질량은 1.000000으로 줄어든 셈이다. 그렇다면, 고립된 양성자와 핵 속의 양성자 사이의 질량 차이인 0.007825는 어디로 간 것일까?

아인슈타인의 특수상대성 이론에 따르면, 사라진 질량은 반드시 에너지의 형태로 나타나야 한다. 따라서 12개의 수소 원자핵(양성자)과 6개의 전자가 결합하여 탄소 원자핵을 형성할 때는, 상당한 양의 에너지가 방출되어야 한다.

일반적으로 애스턴은 원자핵이 점점 더 복잡해질수록 질량의 더 큰 비율이 에너지 형태로 나타나야 한다는 사실을 발견했다. 물론 그 비율이 완전히 일정한 것은 아니었지만, 그 비율은 철 부근에서 최대값에 이르렀다.

가장 흔한 철의 동위원소인 철-56의 질량수는 55.9349이다. 따라서 56개의 양성자 각각의 질량은 0.9988이 된다.

철보다 더 복잡한 핵의 경우, 핵 속 양성자의 질량은 다시 조금씩 증가하기 시작한다. 예를 들어, 우라늄-238의 질량은 238.0506이며, 그 속에 포함된 238개의 양성자 각각의 질량은 1.0002가 된다.

1927년까지 애스턴은 철 부근에 있는 중간 원소들의 원자핵이 가장 치밀하고 안정적으로 결합되어 있다는 사실을 명확히 밝혔다. 아주 무거운 핵이 조금 더 가벼운 핵들로 분해되면, 양성자들의 결합이 더 조밀해지고 그만큼의 질량 일부가 에너지로 전환된다. 반대로, 아주 가벼운 핵들이 서로 결합해 다소 무거운 핵을 형성할 때도 역시 질량의 일부가 에너지로 변환된다.

이처럼, 원자번호 순으로 배열된 원소들의 양극단 — 가장 무거운 핵과 가장 가벼운 핵 — 으로부터 중간 영역 쪽으로 이동할 때 에너지가 방출된다는 사실은, 매우 무거운 핵이 더 가벼운 핵으로 붕괴하면서 에너지를 내는 방사능 현상과 정확히 부합한다.

예를 들어, 우라늄-238이 8개의 알파 입자와 6개의 베타 입자를 방출해 납-206으로 변한다고 해보자. 우라늄-238의 질량은 238.0506이고, 알파 입자 하나의 질량은 4.0026이므로 8개의 알파 입자는 총 32.0208의 질량을 가진다. 베타 입자 하나의 질량은 0.00154이므로 6개의 베타 입자는 합쳐서 0.00924가 된다. 한편 납-206의 질량은 205.9745이다.

이는 우라늄-238 핵(질량 238.0506)이 8개의 알파 입자와 6개의 베타 입자, 그리고 하나의 납-206 핵(총합 질량 238.0045)으로 변한다는 뜻이다. 초기 질량이 최종 질량보다 0.0461만큼 더 크며, 이 사라진 질량이 에너지로 전환되어 감마선과 알파 입자·베타 입자가 방출될 때의 속도를 만들어낸다.

핵 충돌

한 종류의 원자핵이 다른 종류로 변할 때 에너지가 방출된다는 사실을 과학자들이 깨닫자, 중요한 질문이 제기되었다. 그런 변화가 인간에 의해 일으켜지고 조절될 수 있는가? 그리고 만

일 가능하다면, 그것이 이전에는 상상도 못했던 종류와 규모의 유용한 동력원으로 이용될 수는 없는가?

화학 에너지는 비교적 쉽게 일으키고 제어할 수 있었다. 그 과정은 원자의 외곽에 있는 전자들의 이동과 관련되어 있었기 때문이다. 예를 들어, 어떤 물질의 온도를 높이면 원자들이 더 빠르게 움직이며 서로 더 강하게 충돌하게 된다. 이러한 충돌이 전자의 위치 변화를 유도하여, 낮은 온도에서는 일어나지 않던 화학 반응을 일으킬 수 있게 된다.

그러나 원자핵 내부의 양성자를 움직여 핵반응을 일으키고, 그로부터 핵에너지를 얻는 일은 훨씬 더 어려운 문제였다. 핵반응에 관여하는 입자들은 전자보다 훨씬 무겁기 때문에 그만큼 움직이기가 어렵다. 게다가 그 입자들은 원자의 깊숙한 중심부에 묻혀 있다. 1920년대의 물리학자들이 이용할 수 있었던 온도 수준으로는, 원자들이 서로 부딪혀 핵 속까지 도달해 흔들 수 있을 만큼의 충돌 에너지를 만들어내는 것이 불가능했다.

실제로 원자핵에 도달할 수 있는 것으로 알려진 것은 빠르게 움직이는 아원자 입자뿐이었다. 예를 들어, 이미 1906년에 러더퍼드는 방사성 물질에서 방출되는 고속의 알파 입자를 이용해 물질에 충격을 가했으며, 때때로 이 알파 입자들이 원자핵에 의해 반사된다는 사실을 보여주었다. 바로 이런 실험을 통해 그는 처음으로 원자핵의 존재를 입증했다.

러더퍼드는 이후에도 이러한 충격 실험을 계속했다. 알파 입자가 어떤 원자핵에 충돌하면, 그 원자핵은 자신이 속해 있던 원자로부터 튕겨나와 앞으로 날아가게 된다. 마치 당구공 하나가 다른 공을 쳐서 튀어나가게 만드는 것과 비슷하다. 이렇게 튕겨 나온 원자핵은 충돌 시 빛을 내는 화학 필름에 부딪혔고, 그 충격으로 필름은 반짝였다. 이러한 반짝임의 특성을 통해, 어떤 종류의 핵이 부딪혔는지를 대략적으로 알아낼 수 있었다.

1919년, 러더퍼드는 알파 입자를 질소 기체에 충돌시켰고, 그 과정에서 수소 기체에 알파 입자를 쏘았을 때와 같은 섬광 현상이 나타나는 것을 발견했다. 그는 알파 입자가 수소에 충돌할 때, 수소의 원자핵(양성자)을 앞으로 튀어 나가게 만든다는 사실을 알고 있었다. 따라서 질소에 알파 입자를 쏘았는데 수소와 같은 섬광이 보인다면, 질소 원자핵에서 양성자가 튀어나왔다는 뜻이라고 생각했다. 실제로 나중에 밝혀진 바에 따르면, 그는 이 실험을 통해 질소 원자핵을 산소 원자핵으로 바꾸어 놓았던 것이다.

이것은 인류 역사상 처음으로 인간이 의도적으로 원자핵을 변화시킨 사례였다.

러더퍼드는 실험을 계속 이어갔고, 1924년경에는 알파 입자를 이용해 칼륨(원자번호 19)까지 거의 모든 원소의 핵으로부터 양성자를 튕겨낼 수 있음을 보여주었다.

그러나 자연적으로 존재하는 알파 입자를 충돌 입자로 사용
하는 데에는 한계가 있었다.

첫째, 충격에 사용되는 알파 입자는 양전하를 띠고 있었고,
원자핵 역시 양전하를 띠고 있었다. 따라서 알파 입자와 원자핵
은 서로 밀어내게 되어, 알파 입자의 에너지 상당 부분이 이 반
발력을 극복하는 데 쓰였다. 원자핵이 더 무거워질수록 양전하
의 크기도 커지고 반발력도 강해져, 결국 칼륨보다 무거운 원소
들에서는 아무리 에너지가 큰 천연 알파 입자라도 충돌을 일으
킬 수 없게 되었다.

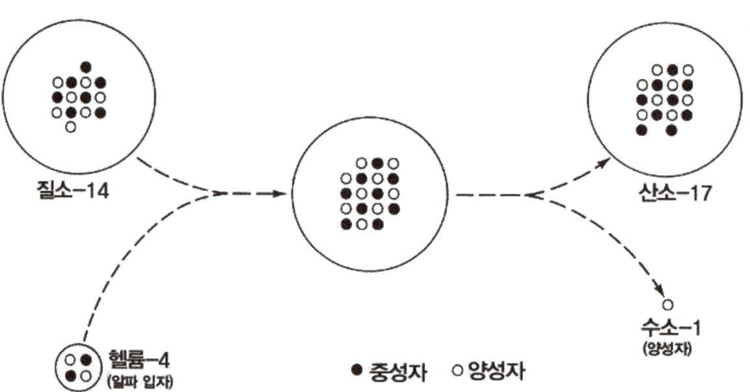

인공적인 원자핵 변환

둘째, 목표로 향해 쏘아진 알파 입자들은 원자핵을 정확히 겨냥할 수 없었다. 알파 입자가 원자핵과 부딪히는 것은 오직 우연히 둘이 마주쳤을 때뿐이었다. 목표가 되는 원자핵은 상상할 수 없을 만큼 작기 때문에, 대부분의 충돌 입자들은 빗나가기 마련이었다. 러더퍼드가 처음 질소를 충격했을 때의 계산에 따르면, 30만 개의 알파 입자 가운데 단 하나만이 질소 원자핵에 실제로 충돌했다.

이러한 점들을 종합하면 결과는 분명하다. 핵반응을 통해 에너지를 얻을 수는 있지만, 동시에 그 핵반응을 일으키기 위해서는 에너지를 소비해야 한다. 아원자 입자를 이용한 핵 충돌의 경우(당시로서는 핵반응을 일으킬 수 있는 유일한 방법으로 보이는), 투입되는 에너지가 얻어지는 에너지보다 훨씬 많은 것처럼 보인다. 그 이유는 수많은 아원자 입자들이 원자를 이온화시키거나 전자를 튕겨내는 데 에너지를 소모하고, 정작 핵반응을 일으키지 못한 채 사라지기 때문이다.

마치 초 하나를 켜기 위해 30만 개의 성냥을 차례로 켜야만 하는 것과 같았다. 만약 그렇다면, 초는 실용적인 물건이 되지 못했을 것이다.

실제로 알파 입자 충돌의 가장 극적인 결과는 에너지를 생산하는 것과는 정반대였다. 충돌의 결과 새로 만들어진 원자핵은 처음의 원자핵보다 더 많은 에너지를 가지게 되었고, 따라서 핵반응 과정에서 에너지가 방출되는 것이 아니라 오히려 흡수되었다.

이 현상은 1934년에 처음으로 나타났다. 프랑스의 물리학자 부부인 프레데리크 졸리오퀴리(Frederic Joliot-Curie, 1900~1958)와 이렌 졸리오퀴리(Irene Joliot-Curie, 1897~1956)는 알루미늄-27(원자번호 13)에 알파 입자를 쏘아 충돌시키는 실험을 하고 있었다. 그 결과, 알파 입자의 일부가 알루미늄-27의 원자핵과 결합하여 원자번호가 2 높은 15, 질량수가 3 높은 30의 새로운 원자핵이 형성되었다.

원자번호 15의 원소는 인이므로, 이 실험을 통해 생성된 것은 인-30이었다. 그러나 자연계에 존재하는 인의 동위원소는 인-31 하나뿐이다. 따라서 인-30은 실험실에서 핵반응으로 만들어진 최초의 인공 원자핵, 즉 인류가 처음으로 '제조한' 핵이었다.

인-30이 자연계에 존재하지 않는 이유는, 그 핵이 안정되기에는 에너지 함량이 너무 높았기 때문이다. 인-30은 과도한 에너지를 방출하면서 입자를 내보냈고, 그 결과 안정된 형태인 규소-30(원자번호 14)으로 변했다. 이것이 바로 '인공 방사능'의 첫 사례였다.

1934년 이후로, 다양한 형태의 충돌에 의한 핵반응을 통해 자연계에는 존재하지 않는 천여 종이 넘는 핵들이 실험실에서 만들어졌다. 그들 하나하나가 모두 방사성임이 밝혀졌다.

입자 가속기

핵 충돌의 효율을 높여 핵반응으로부터 유용한 에너지를 얻어낼 가능성을 키울 방법은 전혀 없었을까?

1928년 러시아계 미국인 물리학자 조지 가모프(George Gamow, 1904~1968)는 알파 입자 대신 양성자를 충돌 입자로 사용할 수 있다고 제안했다. 양성자는 알파 입자 질량의 겨우 1/4에 불과해 충돌의 효과는 그만큼 덜할 수 있었지만, 양성자는 알파 입자보다 양전하가 절반밖에 되지 않아 핵으로부터 받는 전기적 반발이 강하지 않았다. 게다가 양성자는 알파 입자보다 훨씬 쉽게 얻을 수 있었다. 양성자 공급을 얻으려면 흔한 수소 원자를 이온화하여 단일 전자를 제거하면 남는 것은 바로 한 개의 양성자이다.

물론, 수소 원자를 이온화해서 얻은 양성자는 에너지가 매우 적지만, 그들에게 에너지를 가할 수는 없을까? 양성자는 양전하를 띠고 있으므로 전기장이나 자기장에 의해 힘을 받을 수 있

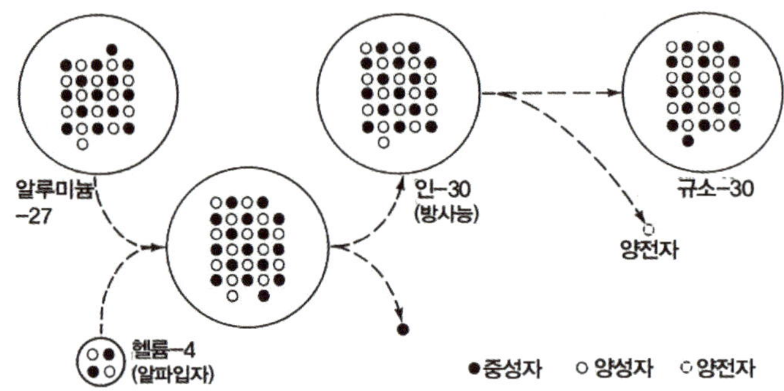

인공 방사능

다. 이러한 장(場)을 이용하는 장치에서는 양성자를 가속시켜, 즉 점점 더 빠르게 움직이게 하여 점점 더 많은 에너지를 얻게 할 수 있다. 충분한 에너지를 얻게 되면, 질량이 더 작음에도 불구하고 양성자가 알파 입자보다 더 강력한 충돌 효과를 낼 수도 있다. 여기에 양성자가 더 쉽게 얻어질 수 있다는 점과 반발력이 더 작다는 이점을 더하면, 실용성과 효율성 면에서 양성자가 훨씬 유리하다는 결론에 이르게 된다.

물리학자들은 '입자 가속기'를 설계하려 하기 시작했고, 이와 같은 장치의 최초 실용형은 1929년 영국의 두 물리학자 존 콕크로프트(John Cockcroft, 1897~1967)와 어니스트 월턴(Ernest Walton,

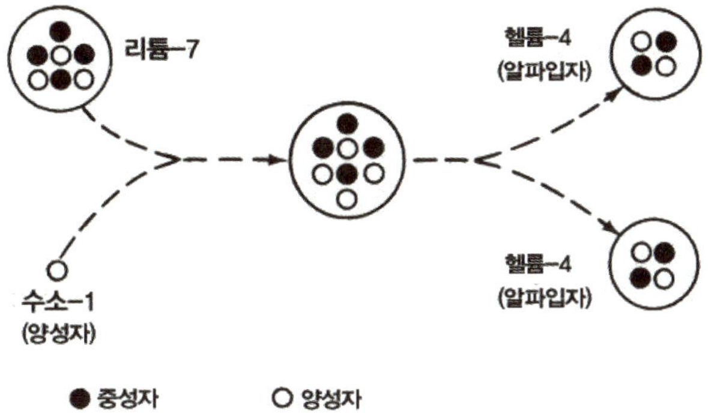

리튬-7에 양성자를 충돌시킨 것은 인공적으로 만들어진 입자에 의해 일어난 최초의 핵반응이었다.

1903~1955)이 만들었다. 그들이 만든 장치는 '정전기 가속기'라 불렸으며, 핵반응을 일으킬 만큼 충분한 에너지를 가진 양성자를 만들어냈다.

1931년에 그들은 이렇게 가속시킨 양성자를 이용해 리튬-7의 원자핵을 분열시키는데 성공했다. 이것은 인공적으로 만들어낸 입자 충돌에 의해 이루어진 최초의 핵반응이었다.

이 시기에는 다른 형태의 입자 가속기도 함께 개발되고 있었다. 그중 가장 유명한 것은 1930년 미국의 물리학자 어니스트 로런스(Ernest Lawrence, 1901~1958)가 만든 장치였다. 이 장치에서는 자석을 이용해 양성자가 점점 넓어지는 원형 궤도를 따라 움직이도록 하여, 한 바퀴 돌 때마다 조금씩 에너지를 얻도록 했다. 그렇게 하여 결국 자석의 영향권을 벗어나면, 양성자는 최대 에너지를 지닌 채 직선으로 튀어나가게 된다. 이 장치는 '사이클로트론(cyclotron)'이라 불렸다.

그 뒤로 사이클로트론은 더 큰 자석과 점점 정교한 설계를 도입하며 빠르게 발전했다. 지금(이 글을 작성하던 당시)에는, 최초의 사이클로트론의 계보를 잇는 '양성자 싱크로트론(proton synchrotron)'이 등장해, 로렌스의 첫 사이클로트론이 만들어냈던 입자보다 백만 배 이상 높은 에너지를 지닌 입자들을 만들어내고 있다. 물론 최초의 사이클로트론은 지름이 겨우 4분의 1미터였지만, 현재 가장 큰 것은 지름이 약 2,000미터에 이른다.

입자 가속기가 점점 더 크고 효율적이며 강력해지면서, 그것은 원자핵의 구조와 아원자 입자 자체의 성질을 연구하는 데 점점 더 유용한 도구가 되었다. 그러나 이러한 발전이 실질적인 핵에너지의 이용이라는 꿈을 현실에 더 가깝게 만들어 준 것은 아니었다. 가속기는 러더퍼드가 처음 수행했던 핵 충돌보다 훨씬 더 큰 양의 핵에너지를 방출하게 했지만, 그 과정에서 소비되는 에너지도 훨씬 더 많았다.

핵 충돌 연구의 개척자였던 러더퍼드가 비관적이었던 것은 놀라운 일이 아니었다. 그는 1937년에 생을 마감할 때까지, 인간이 원자핵의 에너지를 이용할 수 있는 날은 영원히 오지 않을 것이라고 확신했다. 언젠가 '핵에너지'가 세계의 산업을 움직이게 될지도 모른다는 희망은, 그의 눈에는 그저 헛된 꿈에 불과했다.

중성자 THE NEUTRON

핵스핀

러더퍼드가 고려하지 않았던 — 그리고 고려할 수도 없었던 — 것은, 1920년대에는 알려지지 않았던 새로운 종류의 입자가 관여하는, 전혀 다른 형태의 핵 충돌이 불러올 결과였다. (러더퍼드는 그러한 입자의 존재 가능성에 대해 추측한 적은 있었다.)

새로운 길이 열리게 된 계기는, 겉보기에 완벽해 보이던 양성자-전자 핵구조 모형에 결함이 있다는 사실을 마지못해 인정하게 되면서였다.

그 오류는 '핵스핀(nuclear spin)'과 관련되어 있었다. 1924년, 오스트리아의 물리학자 볼프강 파울리(Wolfgang Pauli, 1900~1958)는 양성자와 전자가 마치 자전축을 중심으로 회전하는 것처럼 다루는 이론을 제시했다. 이 회전은 두 방향 중 어느 쪽으로도 일어날 수 있는데, 지상에서 말하자면 서쪽에서 동쪽으로, 혹은 동쪽에서 서쪽으로 돌 수 있다는 뜻이다.

양자이론에 따르면, 이러한 회전운동의 각운동량에는 자연 단위가 존재한다. 이 단위를 기준으로 하면, 양성자와 전자의 스핀은 ½이며, 한쪽 방향으로 회전할 때는 +½, 반대 방향으로 회전할 때는 −½로 나타난다.

아원자 입자들이 모여 원자핵을 형성할 때, 각각의 입자는 본래의 스핀을 그대로 유지한다. 따라서 원자핵의 스핀은 그 핵을 이루는 개별 입자들의 각운동량을 모두 합한 값이 된다.

예를 들어, 1920년대에 생각되던 대로 헬륨의 원자핵이 4개의 양성자와 2개의 전자로 이루어져 있다고 가정해보자. 4개의 양성자 중 두 개가 스핀이 +½이고, 나머지 두 개가 −½이라고 하자. 또한 2개의 전자 중 하나는 +½, 다른 하나는 −½이라면, 각각의 스핀이 서로 상쇄된다. 결과적으로 전체 각운동량, 즉 핵의 스핀은 0이 된다.

물론 여섯 개의 입자 모두가 같은 방향으로 회전할 수도 있다. 모두 +½이거나 모두 −½인 경우, 핵의 전체 스핀은 한쪽 방향으로 3이 된다. 만약 다섯 입자가 한 방향으로, 나머지 하나가 반대 방향으로 회전한다면 전체 스핀은 2가 된다.

요약하면, 스핀이 +½ 또는 −½인 입자들이 짝수 개 모여 하나의 핵을 이룰 경우, 양의 방향이든 음의 방향이든 전체 스핀의 합은 0이거나 정수가 된다. (전체 스핀은 항상 양의 값으로 표기된다.)

반면, 리튬-7의 경우를 생각해보자. 당시에는 이것이 7개의 양성자와 4개의 전자로 이루어져 있다고 여겨졌다. 만약 7개의 양성자가 모두 스핀 +½을, 4개의 전자가 모두 스핀 −½을 가진다면, 전체 핵의 스핀은 $7/2 - 4/2 = 3/2$이 된다.

즉, 핵 속 입자 수가 홀수일 경우에는 어떤 조합으로 스핀이 배치되더라도 합이 0이나 정수가 될 수 없다. 항상 분수 형태의 스핀이 남게 된다.

따라서 특정 원자핵의 스핀을 측정하면, 그 핵을 구성하는 입자의 수가 짝수인지 홀수인지 즉시 알 수 있다.

이 사실은 곧바로 하나의 문제를 제기했다. 흔한 동위원소인 질소-14의 핵스핀을 여러 차례 정밀하게 측정한 결과, 값이 1로 나타난 것이다. 이 측정값은 의심할 여지가 없었고, 따라서 질소-14의 원자핵은 짝수 개의 입자로 이루어져 있다고 결론지을 수 있었다.

그런데 양성자−전자 핵구조 이론에 따르면, 질량수가 14이고 원자번호가 7인 질소-14의 원자핵은 14개의 양성자와 7개의 전자로 구성되어야 했다. 즉, 총 입자 수는 21개로, 홀수였다.

질소-14의 핵스핀은 '짝수 개의 입자'를 가리키고 있었지만, 양성자-전자 이론은 '홀수 개의 입자'를 제시하고 있었다. 둘 중 하나는 잘못된 셈인데, 과연 어느 쪽이 틀린 것일까? 핵스핀은 여러 차례 반복 측정된 실제 실험 결과였고, 그 값에 대해서는 모두가 일치된 견해를 보였다. 반면 양성자-전자 이론은 어디까지나 이론적 가설일 뿐이었다. 따라서 의심의 대상은 당연히 이론 쪽이었다.

그렇다면 어떻게 해야 할까?

만약 원자핵 속의 양성자와 전자를 별개의 입자로 세는 것이 잘못된 일이라면 어떨까? 원자핵처럼 극도로 좁은 공간 안에서 양성자와 전자가 강한 인력에 의해 서로 끌려, 마치 하나의 입자처럼 밀접하게 결합할 수도 있지 않을까? 이런 가능성을 가장 먼저 제안한 사람 중 한 명이 바로 1920년의 러더퍼드였다.

이렇게 결합된 양성자-전자 쌍은 전기적으로 중성이며, 1921년 미국의 화학자 윌리엄 하킨스(William Harkins, 1873~1951)는 이를 가리켜 '중성자(neutron)'라는 이름을 사용했다.

이 관점에서 질소-14의 원자핵을 다시 보면, 그것은 14개의 양성자와 7개의 전자로 이루어진 것이 아니라, 7개의 양성자와 7개의 양성자-전자 결합체로 이루어진 셈이 된다. 즉, 전체 입자 수는 21개가 아니라 14개이며, 홀수가 아닌 짝수가 된다. 이런 구조라면 질소-14의 핵스핀을 무리 없이 설명할 수 있다.

하지만 이런 수정된 핵구조 이론이 과연 그럴듯하게 보일 수 있을까? 양성자–전자 이론이 설득력을 가졌던 이유는, 양성자와 전자가 모두 독립적으로 존재한다는 것이 이미 알려져 있었고, 실제로 각각을 검출할 수도 있었기 때문이다. 그렇다면 양성자와 전자가 밀접하게 결합한 입자 역시 존재할 수 있다면, 그것도 원자핵 밖에서 독립적으로 존재하거나, 적어도 인위적으로 만들어 검출할 수 있어야 하지 않을까?

중성자의 발견

1920년대 내내 과학자들은 중성자를 찾기 위해 노력했지만, 성공하지 못했다.

이 입자가 전기적으로 중성이었다는 사실이 탐지의 가장 큰 어려움이었다. 아원자 입자는 여러 가지 방식으로 검출할 수 있지만, 지금까지도 모든 방법은 그 입자가 가진 전하를 이용한다. 전하를 띤 아원자 입자가 빠르게 움직이면, 주위의 전자들을 밀어내거나 끌어당기게 된다. 어느 쪽이든, 그 결과로 원자에서 전자가 떨어져 나가게 된다.

이렇게 전자를 잃은 원자는 양전하를 띤 이온이 된다. 이 이온 주위에는 물방울이 응결하거나, 기체 속에서 작은 기포가 생기거나, 혹은 순간적인 빛이 번쩍일 수 있다. 이러한 물방울, 기포, 혹은 빛의 흔적을 통해 아원자 입자의 이동 경로를 추적할 수 있다. 감마선은 전하를 띠지 않지만, 파동의 형태로 존재하며 역시 원자를 이온화할 수 있는 능력을 지니고 있다.

이온 흔적을 남길 수 있는 모든 입자와 광선은 '이온화 방사선(ionizing radiation)'이라 부르며, 이런 종류의 방사선은 탐지가 쉽다.

하지만 가설상의 양성자-전자 결합체는 파동 형태도 아니고, 전하를 띤 입자도 아니었기 때문에 원자를 이온화할 수 없을 것으로 여겨졌다. 그것은 원자들 사이를 돌아다니면서도 전자를 끌어당기거나 밀어내지 않았을 것이고, 따라서 원자의 구조를 그대로 남겨두었을 것이다. 이런 입자는 그 궤적을 추적할 수도 없었다. 다시 말해, 중성자는 일종의 '보이지 않는 입자'였으며, 그 탐색은 실패로 끝날 가능성이 커 보였다.

그리고 중성자가 실제로 발견되기 전까지는, 비록 핵스핀 문제에서 분명한 결함이 드러났음에도 불구하고, 양성자-전자 핵 구조 이론이 여전히 유일하게 작동하는 설명으로 남아 있었다.

그러던 중 1930년에 진환점이 찾아왔다. 독일의 물리학자 발터 보테(Walther Bothe, 1891~1957)와 그의 동료 H. 베커가 가벼운 금속인 베릴륨에 알파 입자를 충돌시키는 실험을 진행하고 있었다. 일반적으로라면 그 과정에서 양성자가 튀어나올 것으로 예상되었지만, 이 경우에는 어떤 양성자도 관측되지 않았다. 다만, 베릴륨에 알파 입자가 충돌하는 동안에만 어떤 효과가 나타났고, 충돌이 멈춘 뒤에는 사라지는 현상이 있어, 그들은 어떤 형태의 방사선이 방출되고 있다고 판단했다.

이 방사선의 성질을 알아보기 위해 보테와 베커는 그 진행 경로에 여러 물체를 놓아 실험을 시도했다. 그 결과, 이 방사선은 놀라울 정도로 높은 투과력을 지니고 있음이 드러났다. 몇 센티미터나 되는 두꺼운 납판도 뚫고 지나갔던 것이다. 당시 알려진 방사선 중 이렇게 강한 투과력을 지닌 채 물질에서 방출되는 것은 감마선뿐이었다. 따라서 보테와 베커는 자신들이 감마선을 만들어냈다고 결론짓고 그렇게 보고했다.

1932년, 졸리오퀴리 부부는 보테와 베커의 실험을 반복했고, 같은 결과를 얻었다. 그러나 그들은 새 방사선의 경로에 놓을 물질 중에 탄소와 수소로 이루어진 가벼운 물질인 파라핀(paraffin)을 포함시켰다. 놀랍게도, 파라핀에서 양성자가 튀어나왔다. 감마선이 이런 현상을 일으킨 적은 한 번도 없었지만, 졸리오퀴리 부부는 그 방사선이 감마선이 아니라면 무엇일지 알 수 없었다. 그래서 그들은 단지 감마선이 새로운 종류의 작용을 일으킬 수 있다는 사실을 발견했다고 보고했다.

하지만 영국의 물리학자인 제임스 채드윅(James Chadwick, 1891~1974)은 달랐다. 같은 해 그는, 질량이 없는 감마선으로는 원자 속의 양성자를 제자리에서 밀어낼 만큼의 운동량을 가질 수 없다고 주장했다. 전자조차도 너무 가벼워서 그런 충돌은 불가능했다. (마치 탁구공으로 야구공을 쳐서 공중으로 띄우려는 것과 같은 일이다.)

양성자를 원자에서 튀어나오게 만들 수 있는 방사선이라면, 그 방사선 자체를 이루는 입자들도 상당한 질량을 가져야 했다. 이러한 논리로 생각해보면, 보테와 베커가 처음 발견한 그 방사선은 오랫동안 찾아 헤매던 양성자—전자 결합체, 즉 새로운 입자일 수밖에 없었다. 채드윅은 하킨스가 붙였던 명칭인 '중성자(neutron)'를 그대로 사용했고, 이를 공식화했다. 그리하여 그는 중성자의 발견자로 인정받게 되었다.

채드윅은 자신의 실험을 통해 중성자의 질량을 계산해내는 데 성공했으며, 1934년경에는 중성자가 양성자보다 약간 더 무겁다는 사실이 분명해졌다. 현대의 가장 정확한 수치에 따르면, 양성자의 질량은 1.007825이고, 중성자는 그보다 아주 조금 더 큰 1.008665이다.

중성자의 질량이 양성자와 거의 같다는 사실은, 중성자가 양성자—전자 결합체라면 충분히 예상할 만한 일이었다. 또한 고립된 중성자가 시간이 지나면 전자를 방출하고 양성자로 변한다는 사실도 놀랍지 않았다. 많은 수의 중성자 중 절반은 약 12분 안에 양성자로 바뀐다.

그럼에도 불구하고, 중성자를 양성자-전자 결합체처럼 설명할 수 있는 부분이 있긴 하지만, 실제로는 그렇지 않다. 중성자의 스핀은 ½인데, 만약 그것이 양성자와 전자의 결합체라면 스핀은 0 또는 1이 되어야 한다. 따라서 중성자는 전하를 띠지 않은 하나의 독립된 입자로 보아야 한다.

양성자-중성자 이론

중성자가 발견되자마자, 독일의 물리학자 베르너 하이젠베르크(Werner Heisenberg, 1901~1976)는 원자핵이 양성자와 전자로 이루어진 것이 아니라, 양성자와 중성자로 구성되어 있다는 개념을 다시 제시했다. 이는 이전의 양성자-전자 이론에서 자연스럽게 전환될 수 있는 생각이었다. 단지 원자핵 속에 있다고 여겨졌던 전자들을 양성자와 짝지어, 그 결합체를 '중성자'라 부르면 되기 때문이다.

따라서 헬륨-4의 원자핵은 4개의 양성자와 2개의 전자로 이루어진 것이 아니라, 2개의 양성자와 2개의 양성자-전자 결합체, 즉 2개의 중성자로 이루어져 있다고 볼 수 있다. 같은 방식으로 산소-16의 원자핵도 16개의 양성자와 8개의 전자로 구성된 것이 아니라, 8개의 양성자와 8개의 중성자로 이루어져 있다고 설명할 수 있다.

이처럼 양성자-중성자 이론은 질량수와 원자번호를 완벽하게 설명해준다. 어떤 원자핵이 x개의 양성자와 y개의 중성자로 구성되어 있다면, 원자번호는 x, 질량수는 x+y가 된다. (이제 우리는 현대적인 의미에서 질량수를 명확히 정의할 수 있다. 질량수란 원자핵 속의 양성자 수와 중성자 수를 합한 것이다.)

양성자-중성자 핵구조 이론은 동위원소의 존재 역시 완벽하게 설명할 수 있었다. 예를 들어 산소의 세 가지 동위원소, 즉 산소-16, 산소-17, 산소-18을 생각해보자. 첫 번째는 8개의 양성자와 8개의 중성자로, 두 번째는 8개의 양성자와 9개의 중성자로, 세 번째는 8개의 양성자와 10개의 중성자로 이루어진다. 세 경우 모두 원자번호는 8이지만, 질량수는 각각 16, 17, 18이 된다.

같은 원리로, 우라늄-238은 92개의 양성자와 146개의 중성자로, 우라늄-235는 92개의 양성자와 143개의 중성자로 구성되어 있다.

새로운 이 이론에 따르면, 양성자들이 서로의 반발력을 이기고 함께 결합해 있을 수 있는 것은 전자가 아니라 중성자 덕분이라고 볼 수 있을까? 그리고 핵이 점점 더 커질수록, 즉 더 많은 양성자를 포함할수록 그들을 붙잡아 두기 위해 더 많은 중성자가 필요하다고 생각할 수 있을까?

처음에는 필요한 중성자의 수가 양성자의 수와 거의 같다. 예를 들어, 헬륨-4의 원자핵은 2개의 양성자와 2개의 중성자로 이루어져 있고, 탄소-12의 원자핵은 6개의 양성자와 6개의 중성자로, 산소-16의 원자핵은 8개의 양성자와 8개의 중성자로 구성되어 있다.

더 복잡한 원자핵일수록 추가적인 중성자가 필요하다. 예를 들어 바나듐-51의 원자핵에는 23개의 양성자와 28개의 중성자가 있어, 양성자 수보다 5개가 더 많다. 비스무트-209의 경우에는 83개의 양성자와 126개의 중성자가 포함되어 있어, 양성자보다 43개가 더 많다.

하지만 양성자의 수가 훨씬 많은 거대한 핵의 경우, 아무리 많은 중성자가 있어도 그 결합을 안정적으로 유지하기는 어렵다. 이런 매우 무거운 핵들은 모두 방사성을 띠게 된다.

또한 방사성 붕괴의 방식 역시 이 이론과 정확히 들어맞는다. 어떤 핵이 알파 입자를 방출한다고 해보자. 알파 입자는 2개의 양성자와 2개의 중성자로 이루어진 헬륨 원자핵이다. 따라서 어떤 핵이 알파 입자를 잃으면 질량수는 4만큼 줄고, 원자번호는

2만큼 감소한다. 실제로 그렇게 된다.

어떤 핵이 베타 입자를 방출한다고 해보자. 처음에는 다소 혼란스러울 수 있다. 핵이 오직 양성자와 중성자로만 이루어져 있고, 전자가 포함되어 있지 않다면 베타 입자는 어디서 나오는 것일까? 이때 중성자를 양성자-전자 결합체로 생각해보면 답이 보인다. 대부분의 원자핵 속에서는 중성자가 안정되어 있어, 고립된 상태에서처럼 쉽게 분해되지 않는다. 그러나 어떤 핵의 경우에는 중성자가 분해될 수도 있다.

예를 들어 토륨-234의 원자핵은 90개의 양성자와 144개의 중성자로 이루어져 있다. 이 중 하나의 중성자가 분해되어 전자 하나를 방출하고, 남은 부분은 새로운 양성자가 된다. 이렇게 베타 입자가 방출되면, 중성자의 수는 하나 줄고, 양성자의 수는 하나 늘어난다. 따라서 토륨-234(양성자 90개, 중성자 144개)는 프로트악티늄-234(양성자 91개, 중성자 143개)로 변하게 된다.

요약하면, 양성자-중성자 핵구조 이론은 양성자-전자 이론만큼이나 모든 관측된 사실들을 완벽하게 설명할 수 있었으며, 특히 양성자-전자 이론으로는 설명할 수 없었던 핵스핀 현상까지도 설명할 수 있었다. 게다가 고립된 중성자가 실제로 발견되었다. 따라서 양성자-중성자 이론은 받아들여졌으며, 오늘날까지도 여전히 인정받고 있다.

핵 상호작용

단 하나의 면에서만, 양성자-중성자 이론은 양성자-전자 이론보다 다소 약해 보였다. 양성자-전자 이론에서는 원자핵 속의 전자들이 일종의 '접착제' 역할을 하여 서로 밀어내는 양성자들을 붙잡아 두는 것으로 여겨졌기 때문이다.

하지만 이제 전자들은 사라졌다. 원자핵 내부에는 음전하가 전혀 존재하지 않고, 양전하를 띤 양성자들과 전하를 띠지 않은 중성자들만이 있을 뿐이었다. 그럼에도 비스무트-209 원자핵의 경우처럼 83개나 되는 양전하가 극도로 좁은 공간에 밀집해 있으면서도 서로 튕겨 나가지 않는다는 사실은 설명하기가 쉽지 않았다.

전자들이 사라진 상황에서, 무엇이 양성자들을 서로 붙잡아 두고 있었을까?

혹시 두 양성자 사이의 전기적 반발력이, 그들이 충분히 가까워졌을 때는 오히려 인력으로 바뀌는 것일까? 즉, 반발력과 인력이 동시에 존재하지만, 매우 짧은 거리에서는 인력이 더 강하게 작용하는 것은 아닐까? 만약 그렇다면, 그 가설상의 인력은 두 가지 성질을 가져야 한다.

첫째, 그것은 극도로 강력해야 한다 — 매우 가까운 거리에서 두 개의 양전하가 일으키는 반발력을 이겨낼 만큼 강해야 한다. 둘째, 그 힘은 짧은 범위에서만 작용해야 한다 — 왜냐하면 원자핵 밖에서는 어떤 종류의 양성자 간 인력도 한 번도 관찰된 적이 없기 때문이다.

게다가 이 짧은 범위의 인력은 중성자도 함께 작용해야 했다. 수소−1의 원자핵은 하나의 양성자로만 이루어져 있지만, 두 개 이상의 양성자를 포함하는 모든 원자핵이 안정되기 위해서는 반드시 중성자가 함께 존재해야 했다. 또한 안정성을 위해 필요한 중성자의 수는 임의적이지 않고 일정한 규칙을 따랐다.

중성자가 발견되기 전까지, 우주에는 두 종류의 힘, 즉 두 가지 형태의 '상호작용(interaction)'만이 알려져 있었다. 하나는 '중력 상호작용'이고, 다른 하나는 '전자기 상호작용'이었다. 이 가운데 전자기 상호작용은 중력보다 비교할 수 없을 만큼 강력했으며, 그 힘의 크기는 상상을 초월할 정도였다.

그러나 전자기적 인력은 단순한 인력만이 아니라, 반발력도 함께 포함한다. 즉, 서로 반대되는 전하나 자극 사이에는 끌어당기는 힘이 작용하지만, 같은 전하나 같은 자극 사이에는 밀어내는 힘이 작용한다. 일반적인 물체에서는 이러한 인력과 반발력이 거의 완전히, 혹은 거의 비슷하게 서로 상쇄되기 때문에, 한쪽 힘이 남아서 관찰되는 경우는 매우 드물다.

반면, 중력 상호작용은 오직 인력만을 포함하며, 그 크기는 질량이 커질수록 함께 증가한다. 지구나 태양처럼 거대한 질량을 가진 천체에 이르면, 그들과 다른 물체 사이에 작용하는 중력 또한 엄청나게 커진다.

중력 상호작용과 전자기 상호작용은 모두 장거리 힘이다. 두 힘의 세기는 거리와 함께 약해지지만, 그 감소 비율은 거리의 제곱에 비례할 뿐이다. 예를 들어 지구와 태양 사이의 거리가 두 배가 된다면, 그 사이에 작용하는 중력은 현재의 4분의 1로 줄어든다. 거리가 10배로 늘어난다면, 그 힘은 $1/(10 \times 10)$, 즉 현재의 100분의 1이 된다. 바로 이런 이유로 중력과 전자기력은 수백만 마일 떨어진 우주 공간에서도 여전히 그 영향을 미칠 수 있는 것이다.

그러나 양성자-중성자 핵구조 이론이 받아들여지면서, 물리학자들은 세 번째 형태의 힘, 즉 '핵 상호작용(nuclear interaction)'의 존재를 의심하기 시작했다. 이 힘은 전자기적 상호작용보다 훨씬 강력했으며, 그 세기는 약 130배에 달한다고 추정되었다. 게다가 핵 상호작용은 거리와 함께 매우 빠르게 약해졌는데, 그 감소 속도는 전자기적 상호작용보다 훨씬 더 급격했다.

그렇다면, 원자핵 내부처럼 양성자들이 거의 맞닿은 상태에서는 서로를 끌어당기지만, 그 거리의 간격이 조금만 벌어져 한쪽이 핵 밖으로 벗어나면, 핵 상호작용의 세기는 급격히 줄어들어 전자기적 반발력보다 약해진다. 그 순간 양성자는 핵의 양전하에 의해 밀려나 밖으로 튕겨 나가게 된다. 바로 이런 이유 때문에 원자핵은 매우 작을 수밖에 없다. 핵이 그렇게 작을 때에만, 핵 상호작용이 양성자들을 붙잡아둘 만큼 강력하게 작용할 수 있기 때문이다.

1932년, 하이젠베르크는 이러한 상호작용이 어떻게 생겨나는지를 설명하려 시도했다. 그는 인력과 반발력이란, 서로 끌어당기거나 밀어내는 두 입자 사이에서 특정한 입자들이 끊임없이 빠르게 교환되는 과정의 결과라고 제안했다. 어떤 경우에는 이 '교환 입자(exchange particles)'가 두 입자 사이를 매우 빠르게 오가며 그들을 밀어내는 작용을 하고, 또 다른 경우에는 오히려 그들을 서로 끌어당기는 역할을 한다는 것이다.

전자기적 상호작용의 경우, 그 교환 입자는 '광자(photon)'로 보였다. 광자는 감마선, X선, 그리고 보통의 가시광선까지 — 모두 '전자기 방사(electromagnetic radiation)'의 한 형태 — 를 이루는 파동 묶음이다. 반면 중력 상호작용은 '그래비톤(graviton)'이라 불리는 교환 입자에 의해 일어나는 것으로 여겨졌다. (1969년에는 그래비톤이 실제로 검출되었다는 보고가 나오기도

했다.)

광자와 그래비톤은 모두 질량이 0이다. 그리고 이 점은 전자기적 상호작용과 중력 상호작용이 거리와 함께 매우 천천히 약해진다는 사실과 관련이 있다. 반면, 핵 상호작용처럼 거리에 따라 급격히 세기가 줄어드는 힘의 경우, 그 교환 입자가 존재한다면 반드시 질량을 가져야 한다.

1935년, 일본의 물리학자 유카와 히데키(Hideki Yukawa, 1907~1981)는 이러한 교환 입자 이론을 구체적으로 발전시켜, 핵 상호작용에 관여하는 입자가 어떤 성질을 가져야 하는지를 이론적으로 분석했다. 그는 그 입자의 질량이 전자의 약 250배, 즉 양성자의 약 7분의 1 정도가 되어야 한다고 결론지었다. 이처럼 전자와 양성자 사이의 중간 질량을 갖는다는 점에서, 이러한 입자들은 그리스어로 '중간'을 뜻하는 말에서 따온 '메손(meson)'이라 불리게 되었다.

유카와가 이 이론을 발표하자, 과학자들은 곧 가설상의 메손을 찾기 위한 탐색에 나섰다. 만약 메손이 실제로 존재하여 원자핵 속에서 양성자와 중성자 사이를 오가며 교환 입자로 작용한다면, 어떤 방법으로든 그것을 핵 밖으로 튕겨내어, 고립된 상태에서 연구할 수 있을 것이라 기대했다.

그러나 1930년대 물리학자들이 사용할 수 있었던 충돌 입자들의 에너지는 너무 낮았다. 설사 메손이 원자핵 안에 존재하더라도, 그것을 핵 밖으로 밀어낼 만큼의 에너지는 턱없이 부족했던 것이다.

단 한 가지 돌파구가 있었다. 1911년, 오스트리아의 물리학자 빅토르 헤스(Victor Hess, 1883~1964)는 지구가 사방에서 쏟아지는 '우주선(cosmic rays)'에 의해 끊임없이 폭격당하고 있다는 사실을 발견했다. 이 우주선은 엄청난 에너지를 지닌 빠른 원자핵들(우주 입자)로 이루어져 있었으며, 그 에너지는 인류가 인공적으로 만들어낼 수 있는 입자 에너지보다도 수십억 배나 더 강력한 경우도 있었다.

따라서 충분한 에너지를 지닌 우주 입자가 대기 중의 어떤 원자핵에 충돌한다면, 그 충격으로 메손을 튕겨낼 수도 있을 것이었다.

1936년, 미국의 물리학자 칼 앤더슨(Carl Anderson, 1905~ 1991)과 세스 네더마이어(Seth Neddermeyer, 1907~1988)는 우주 입자가 물질에 충돌한 결과를 연구하던 중, 질량이 중간 정도인 새로운 입자를 발견했다. 그러나 이 입자는 유카와가 예측했던 것보다 훨씬 가벼웠다. 전자의 약 207배 정도의 질량만을 가지고 있었던 것이다. 더 큰 문제는, 이 입자가 유카와가 예측한 다른 성질들도 전혀 갖추지 못했다는 점이었다. 핵과의 상호작용 방식이 기대와는 전혀 달랐던 것이다.

그러나 1947년, 영국의 물리학자 세실 파월(Cecil Powell,

1903~1969)과 그의 동료들이 역시 우주 입자의 충돌을 연구하던 중, 또 다른 중간 질량의 입자를 발견했다. 이번에 발견된 입자는 질량뿐 아니라 다른 여러 성질에서도 유카와의 이론이 예측한 것과 정확히 일치했다.

앤더슨이 발견했던 입자는 '뮤 메손(mu-meson)'이라 불렸고, 곧 '뮤온(muon)'으로 줄여 불리게 되었다. 파월이 발견한 입자는 '파이 메손(pi-meson)'이라 불렸으며, 마찬가지로 '파이온(pion)'으로 줄여 불렸다. 파이온의 발견으로 유카와의 이론은 확실히 입증되었고, 양성자–중성자 이론의 타당성에 남아 있던 마지막 의심마저 완전히 사라졌다.

(실제로는 두 종류의 힘이 존재하는 것으로 밝혀졌다. 파이온을 교환입자로 하는 힘이 '강한 핵력'이고, 베타 입자 방출 등에 관여하는 또 다른 힘은 '약한 상호작용'인데, 이는 전자기력보다 약하지만 중력보다는 훨씬 강하다.)

강한 핵력의 세부적인 작용이 밝혀지면서, 핵반응에서 어마어마한 에너지가 방출되는 이유도 더욱 명확히 설명될 수 있게 되었다. 일반적인 화학 반응은 전자의 이동을 수반하며, 오직 전자기적 상호작용만을 포함한다. 그러나 핵에너지의 경우에는, 원자핵 내부의 입자들이 이동하면서 훨씬 더 강력한 '핵 상호작용'이 작용한다.

중성자 충돌

중성자가 발견되자마자, 물리학자들은 또 하나의 특별한 성질을 지닌 충돌 입자를 얻게 된 것처럼 보였다. 중성자는 전하를 전혀 띠지 않기 때문에, 원자의 바깥쪽에 있는 전자나 중심의 원자핵으로부터 어떤 반발도 받지 않았다. 즉, 전자기적 인력이나 반발력의 영향을 전혀 받지 않고 직선 경로를 따라 움직일 수 있었다. 만약 그 경로가 원자핵을 향하고 있다면, 그 핵이 아무리 강한 전하를 가지고 있더라도 중성자는 그대로 충돌할 수 있었다. 그리고 그 결과로, 양성자였다면 결코 일으킬 수 없었을 핵반응이 종종 유도되었다.

물론 처음에는 중성자가 전하를 띠지 않는다는 점이 오히려 단점처럼 보였다. 전하가 없으니, 전자기적 상호작용을 이용해 입자를 가속시키는 장치들로는 중성자를 직접 가속할 수 없었던 것이다.

이 문제를 우회할 방법이 하나 있었고, 그 해결책은 1935년 미국의 물리학자 J. 로버트 오펜하이머(J. Robert Oppenheimer,

1904~1967)와 그의 제자 멜바 필립스가 제시했다.

여기에서는 수소-2(중수소)의 원자핵을 이용한다. 그 핵은 흔히 '듀테론(deuteron)'이라 불리며, 1개의 양성자와 1개의 중성자로 이루어져 있고 질량수는 2, 원자번호는 1이다. 하나의 양전하를 가지므로 고립된 양성자를 가속할 수 있는 것과 마찬가지로 듀테론도 가속할 수 있다.

이렇게 해서 듀테론이 고에너지로 가속된 뒤 양전하를 띤 원자핵을 향해 쏘아진다고 해보자. 그 핵은 듀테론을 밀어내며, 특히 그 안의 양성자 부분을 강하게 반발시킨다. 듀테론 내부에서 양성자와 중성자를 붙잡아 두는 핵력은 핵력 중에서도 비교적 약한 편이므로, 접근 중인 원자핵의 강한 반발력에 의해 양성자가 완전히 분리될 수도 있다.

이때 양성자는 경로를 틀어 벗어나지만, 전하를 띠지 않은 중성자는 아무런 영향을 받지 않고 그대로 직진한다. 그리고 듀테론이 가속되면서 얻은 모든 에너지를 지닌 채, 중성자는 원자핵에 그대로 충돌하게 된다.

중성자가 발견된 지 불과 몇 달 만에, 고에너지 중성자들이 핵반응을 일으키는 데 사용되기 시작했다.

그러나 사실 물리학자들은 중성자에 에너지를 높이 줄 필요가 없었다. 그것은 양성자나 알파 입자처럼 양전하를 띤 입자들을 다루던 이전 연구의 관성이 남아 있었기 때문이었다. 이런

120

전하를 띤 입자들은 핵의 전기적 반발력을 뚫고 들어가 핵을 분열시킬 만큼의 힘으로 충돌하려면 반드시 높은 에너지를 가져야 했다.

그러나 중성자는 아무런 반발력을 극복할 필요가 없었다. 에너지가 거의 없더라도, 방향만 맞으면(그리고 순전히 확률적으로라도 일부는 항상 그렇게 되었다) 그대로 원자핵에 접근해 충돌할 수 있었다.

실제로 중성자가 천천히 움직일수록, 원자핵 근처에 머무는 시간이 길어지고 그만큼 핵력의 인력에 의해 인근의 어떤 핵에 포획될 가능성도 커졌다. 중성자가 느릴수록 핵이 그를 붙잡는 영향력이 더 커졌기 때문에, 마치 핵이 느린 중성자에게는 더 크고 맞히기 쉬운 표적이 되는 것처럼 보였다.

결국 물리학자들은 이러한 효과를 설명하기 위해 '핵단면적(nuclear cross section)'이라는 개념을 사용하기 시작했고, 특정 원자핵이 어떤 충돌 입자에 대해 얼마만한 크기의 단면적을 가진다고 표현하게 되었다.

느린 중성자의 효과는 1934년, 이탈리아계 미국인 물리학자 엔리코 페르미(Enrico Fermi, 1901~1954)가 발견했다.

물론 여기에는 한 가지 어려움이 있었다. 중성자는 한 번 만들어지고 나면 속도를 늦출 방법이 없었으며, 생성될 때 일반적으로 (새로운 관점에서 보자면) 너무 많은 에너지를 가지고 있었다. 적어도 전자기적 방법으로는 감속시킬 수 없었지만, 다른 방법은 있었다.

중성자가 어떤 핵을 마주친다고 해서 항상 그 안으로 들어가는 것은 아니었다. 때로는 핵에 비스듬히 강하게 부딪혀 튕겨나오기도 했다. 만약 중성자가 부딪힌 핵이 중성자보다 훨씬 무겁다면, 중성자는 거의 속도 손실 없이 그대로 튕겨나온다. 반대로, 중성자와 질량이 크게 다르지 않은 핵과 충돌할 경우, 그 핵이 반동하면서 중성자의 에너지 일부를 흡수하게 되고, 중성자는 에너지를 잃은 채 더 느린 속도로 튕겨 나온다.

이처럼 중성자가 비교적 가벼운 핵들과 여러 번 충돌을 반복하면, 결국 에너지를 거의 모두 잃고 매우 느리게 움직이게 된다. 이때의 중성자는 주변 원자들과 거의 같은 수준의 에너지만을 가지게 된다.

(이 현상은 당구공의 충돌에서 쉽게 떠올릴 수 있다. 당구공이 대포알과 부딪히면, 방향만 바뀔 뿐 거의 같은 속도로 튕겨나온다. 반면 당구공이 또 다른 당구공과 충돌하면, 부딪힌 공이 움직이게 되고, 처음 공은 속도를 잃은 채 느려지며 튕겨나온다.)

대기 중 분자들의 에너지는 온도에 따라 달라진다. 이 에너지와 비슷한 에너지를 가지며, 상온에서 기대되는 수준의 운동 에너지를 지닌 중성자를 '열중성자(thermal neutron)'라고 부른다. ('열熱'을 뜻하는 그리스어에서 유래한 말이다.) 중성자가 이러한 열중성자 수준으로 느려지도록 여러 번 부딪히는 비교적 가벼운 핵들은, 중성자의 에너지를 '완화'시킨다는 의미에서 '감속재(moderator)'라 불린다.

페르미와 그의 동료들은 처음으로 중성자를 감속시켜 '열중성자를 만들어냈고, 1935년에 그것을 이용해 원자핵에 충돌 실험을 수행한 최초의 연구자들이었다. 그는 곧, 열중성자를 충돌 입자로 사용할 때 핵 반응의 단면적이 얼마나 크게 증가하는지를 알아차렸다.

이로써 핵반응에서 얻어지는 에너지를 실제로 활용할 수 있을지도 모른다는 희망이 생겨났다. 중성자는 스스로 거의 에너지를 가지고 있지 않더라도 핵반응을 일으킬 수 있었기 때문에, 각각의 중성자가 핵에 충돌할 때 방출되는 에너지가 투입된 에너지보다 많을 가능성도 있었다. 게다가 열중성자는 핵단면적이 크기 때문에, 고에너지의 전하 입자들보다 훨씬 높은 확률로 목표 핵에 충돌했다.

그러나 한 가지 문제가 있었다. 아무리 에너지가 낮고, 아무리 원자핵에 정확히 부딪히기 좋은 중성자라 해도, 우선 그것들을 만들어내야만 했다. 그리고 중성자를 만들어내기 위해서는, 고에너지의 양성자나 그와 비슷한 방법을 사용해 원자핵을 충돌시켜 중성자를 튀어나오게 해야 했다.

그렇게 해서 얻어진 중성자가 만들어내는 에너지의 양은, 처음 중성자를 만들어내는 데 들인 에너지에 비하면 극히 작은 일부에 지나지 않았다. 즉, 초기 단계에서 중성자를 이용한 핵반응은 투입 대비 산출이 너무나 비효율적이었다.

이는 마치 성냥 하나로 초를 켤 수는 있지만, 그 한 개를 찾기 위해 쓸모없는 나무조각 30만 개를 뒤져야 하는 것과 같았다. 그렇게 해서 초를 켤 수 있다 하더라도, 그 초는 여전히 실용적이지 않은 셈이었다.

중성자 충돌이 가능해져 에너지는 낮고 반응 단면적은 큰 충돌 방식이 등장했음에도 불구하고, 러더퍼드는 자신의 죽음에 이르기까지 핵에너지가 실용적으로 이용될 날은 결코 오지 않을 것이라고 느낄 만한 충분한 이유가 있었다.

그러나 1934년, 페르미가 시도하던 여러 실험들 가운데에는 중성자를 우라늄 원자에 충돌시키는 것도 있었다. 러더퍼드는 물론, 페르미 자신조차도 그것이 마침내 인간이 상상조차 할 수 없었던 세계로 이어지는 길이라는 사실을 알지 못했다.

핵분열
핵융합
핵융합을 넘어

핵분열 NUCLEAR FISSION

새로운 원소들

1934년, 엔리코 페르미는 처음으로 중성자를 우라늄에 충돌시키는 실험을 시작했다. 이 실험은 훗날 세상의 모습을 바꾸는 전환점이 되었다.

페르미는 에너지가 거의 없는 느린 중성자가 원자핵에 매우 쉽게 흡수된다는 사실을 발견했다. 그것은 빠른 중성자보다 훨씬 잘 흡수되었고, 전하를 띤 입자들에 비하면 비교조차 할 수 없을 만큼 쉬웠다.

중성자 충돌에서 흔히 일어나는 일은, 중성자가 원자핵에 그대로 흡수되는 것이었다. 중성자는 전하가 없기 때문에 원자번호는 0, 질량수는 1을 가진다. 따라서 어떤 원자핵이 중성자를 흡수하면 같은 원소의 동위원소로 남지만, 질량수만 1 증가하게 된다.

예를 들어, 중성자로 수소-1(양성자 하나로 이루어진 원자)에 충돌을 가한다고 하자. 수소-1이 중성자 하나를 포획하면, 단일 양성자로 이루어진 핵이 양성자 + 중성자 구조로 변하고, 결국 수소-1이 수소-2(중수소)가 된다.

이와 같은 방식으로 형성된 새로운 원자핵은 이전보다 더 높은 에너지 상태에 있으며, 그 초과된 에너지는 감마선의 형태로 방출된다.

중성자 흡수로 형성된 더 무거운 동위원소가 수소-2처럼 안정적인 경우도 있지만, 그렇지 않고 방사능을 띠는 경우도 있다. 이는 중성자가 하나 더해지면서 핵 안의 중성자 수가 지나치게 많아져 불안정해지기 때문이다. 이를 안정시키는 가장 효과적인 방법은 베타 입자(전자)를 방출하는 것이다. 이 과정에서 중성자 하나가 양성자로 바뀌게 된다. 질량수는 그대로지만, 원자번호는 하나 증가한다.

예를 들어, 원자번호 45의 로듐은 질량수가 103인 단 하나의 안정한 동위원소만을 가진다. 로듐-103(45개의 양성자와 58개의 중성자)이 중성자 하나를 흡수하면, 로듐-104(45개의 양성자와 59개의 중성자)가 되는데, 이 핵은 불안정하다. 로듐-104는 베타 입자 하나를 방출하며 중성자 하나를 양성자로 바꾸고, 그 결과 핵 조합은 46개의 양성자와 58개의 중성자로 바뀐다.

이렇게 형성된 것은 안정한 원소인 팔라듐-104이다.

또 다른 예로, 인듐-115(49개의 양성자와 66개의 중성자)가 중성자 하나를 흡수하면 인듐-116(49개의 양성자와 67개의 중성자)이 된다. 그러나 이 핵은 베타 입자를 방출하며 중성자 하나를 양성자로 바꾸고, 그 결과 50개의 양성자와 66개의 중성자를 가진 주석-116이 된다. 주석-116은 안정한 동위원소이다.

이처럼 중성자를 흡수한 뒤 결국 원자번호가 하나 높은 원소의 동위원소로 변하는 경우는 100가지가 넘는다. 페르미는 이러한 사례들 가운데 여러 경우를 직접 관찰했다.

이렇게 중성자를 흡수하면 원자번호는 그대로이고 질량수만 증가한다는 사실을 알게 된 이상, 그는 자연스럽게 다음 질문을 떠올릴 수밖에 없었다. 우라늄에 중성자를 쏘면 어떻게 될까? 우라늄의 동위원소들도 마찬가지로 원자번호가 하나 올라가서 — 이 경우 92에서 93으로 — 변하게 되는 것일까?

만약 그렇다면 대단히 흥미로운 일이었다. 우라늄은 당시 알려진 원소들 가운데 가장 높은 원자번호를 갖고 있었고, 원자번호 93번인 원소는 누구도 실제로 발견한 적이 없었기 때문이다. 그렇다면 실험실에서 그 새로운 원소를 만들어낼 수 있지 않을까 하는 기대가 자연스럽게 생겨났다.

1934년에 페르미는 원자번호 93번인 원소를 얻을 수 있기를 기대하며 우라늄에 중성자를 충돌시켰다. 중성자는 흡수되었고, 생성된 무엇인가가 베타 입자를 방출했기 때문에, 논리적으로는 원자번호 93번인 원소가 있어야 했다. 그러나 방출된 베타 입자는 에너지 수준이 서로 다른 네 종류였고, 상황은 매우 혼란스러워졌다. 페르미는 93번 원소의 존재를 확실히 확인할 수 없었고, 몇 년 동안 다른 누구도 이를 확인하지 못했다. 그러나 그 과정에서 훨씬 더 중요한 다른 결과들이 나타났다.

다른 이야기로 넘어가기 전에 짚고 넘어가야 할 점이 있다. 비록 페르미가 그 존재를 명확히 입증하지는 못했지만, 원자번호가 93번인 원소는 실제로 형성되었음이 틀림없었다.

1939년, 미국의 물리학자 에드윈 맥밀런(Edwin McMillan, 1907~1991)과 필립 에이블슨(Philip Hauge Abelson , 1913~2004)은 느린 중성자로 우라늄 원자를 충돌시킨 후, 마침내 원자번호 93번의 원소를 확인하는 데 성공했다.

우라늄(uranium)이 천왕성(Uranus)의 이름에서 유래한 것처럼, 그보다 한 단계 바깥에 위치한 행성 해왕성(Neptune)의 이름을 따서 새 원소는 '넵투늄(neptunium)'이라 명명되었다.

일어난 일은 예측했던 그대로였다. 우라늄-238(양성자 92개, 중성자 146개)이 중성자 하나를 흡수하여 우라늄-239(양성자 92개, 중성자 147개)가 되었고, 이것이 베타 입자를 방출해 넵투늄-239(양성자 93개, 중성자 146개)로 변한 것이다.

그리고 실제로 넵투늄-239 역시 베타 입자를 방출했기 때문에, 이론적으로는 원자번호가 더 높은 새로운 원소의 동위원소가 되어야 했다. 이렇게 해서 생겨나는 원소, 즉 원자번호 94번 원소는 해왕성(Neptune) 바깥의 행성인 명왕성(Pluto)의 이름을 따서 '플루토늄(plutonium)'이라 명명되었다.

넵투늄-239에서 생성되는 플루토늄-239는 방사성이 매우 약했기 때문에, 그 존재가 명확히 확인된 것은 1941년에 이르러서였다.

그러나 플루토늄 원소의 실제 발견은 그보다 한 해 앞서 이루어졌다. 넵투늄-238이 형성되었을 때, 그것이 베타 입자를 방출하여 플루토늄-238로 변한 것이다. 이 동위원소는 비교적 강한 방사능을 띠고 있었기 때문에 쉽게 탐지되고 확인될 수 있었다. 이 발견은 글렌 시보그(Glenn Seaborg, 1912~1999)와 그의 동료들에 의해 이루어졌으며, 그들은 국방 관련 연구로 자리를 비운 맥밀런의 실험을 이어받아 완성했다.

넵투늄과 플루토늄은 실험실에서 인공적으로 만들어진 최초의 '초우라늄 원소'였지만, 그것이 마지막은 아니었다. 그 후 30년 동안, 원자핵 속에 점점 더 많은 양성자를 포함한 동위원소들이 만들어졌고, 그에 따라 원자번호도 계속 높아졌다. 이 글이 작성되던 시점에는 원자번호 105번 원소까지의 모든 원소 동위원소가 이미 생성된 상태였다.

이 새로운 원소들 가운데 일부는 핵 연구사에서 중요한 업적을 남긴 과학자들의 이름을 따서 명명되었다. 예를 들어, 원자 번호 96번 원소는 피에르와 마리 퀴리를 기려 '퀴륨(curium)'이라 불리고, 99번 원소는 알베르트 아인슈타인을 기려 '아인슈타이늄(einsteinium)', 100번 원소는 엔리코 페르미를 기려 '페르뮴(fermium)'이라 불린다.

원자번호 101번 원소는 러시아의 화학자 드미트리 멘델레예프(Dmitri Mendeleev)의 이름을 따 '멘델레븀(mendelevium)'이라 불린다. 그는 1869년 초에 처음으로 원소들을 합리적이고 유용한 순서로 배열한 인물이다. 원자번호 103번 원소는 어니스트 로런스(Ernest O. Lawrence)의 이름을 따 '로렌슘(lawrencium)'이라 명명되었다. 원자번호 104번 원소에는 어니스트 러더퍼드(Ernest Rutherford)를 기려 '러더퍼듐(rutherfordium)'이라는 이름이 제안되었다.

또한 원자번호 105번 원소에는 독일의 물리화학자 오토 한(Otto Hahn, 1879~1968)을 기려 '하늄(hahnium)'이라는 이름이 제안되었는데, 그의 업적에 대해서는 곧 살펴보게 될 것이다.

그러나 넵투늄이 실험실에서 만들어진 첫 번째 새로운 원소는 아니었다. 1930년대 초까지도 비교적 낮은 원자번호를 가진 두 개의 원소가 여전히 발견되지 않은 상태였다. 그것은 원자번호 43번과 61번의 원소였다.

1937년, 미국의 로런스 연구소에서는 원자번호 42번인 몰리

브데넘(molybdenum)을 중성자로 충돌시키는 실험이 진행되었다. 그 결과, 그 속에 극소량의 원자번호 43번 원소가 생겨났을 가능성이 있었다. 페르미와 함께 연구했던 이탈리아 물리학자 에밀리오 세그레(Emilio Segre, 1905~1989)는 충돌된 몰리브데넘의 시료를 받아 분석했고, 실제로 원자번호 43번 원소의 존재를 나타내는 징후를 발견했다.

이 원소는 인공적인 방법으로 최초로 만들어진 새로운 원소였으며, 그리스어로 '인공적인'을 뜻하는 말에서 유래해 '테크네튬(technetium)'이라 명명되었다.

이때 형성된 테크네튬 동위원소는 방사성을 띠고 있었다. 사실 테크네튬의 모든 동위원소는 방사능을 지닌다. 1945년에 발견된 원자번호 61번 원소 역시 마찬가지였다. 이 원소는 '프로메튬(promethium)'이라 명명되었으며, 안정한 동위원소가 하나도 존재하지 않는다.

따라서 테크네튬과 프로메튬은 원자번호 84 이하의 원소들 가운데 안정 동위원소가 전혀 없는 유일한 두 원소이다.

핵분열의 발견

이제 페르미가 시작했던 우라늄의 중성자 충돌 연구로 돌아가 보자. 그가 자신의 연구 결과를 발표한 뒤, 다른 물리학자들도 같은 실험을 반복했는데, 그들 역시 여러 종류의 베타 입자를 얻었을 뿐 무슨 일이 일어나고 있는지 판단할 수 없었다.

이 문제를 해결하는 한 가지 방법은, 우라늄을 충돌시켜 생성될 수 있는 미량의 방사성 동위원소와 화학적으로 성질이 비슷한 안정한 원소를 실험계에 따로 첨가하는 것이었다. 그런 다음 혼합물을 분리하면, 첨가해 둔 안정한 원소가 함께 움직이면서 그 미량의 방사성 물질도 따라오기를 기대할 수 있었다. 이렇게 방사성 물질을 함께 운반해 주는 안정한 원소를 '담체(擔體, carrier)'라고 불렀다.

이 문제를 연구하던 사람들 가운데에는 오토 한(Otto Hahn)과 그의 오스트리아인 동료인 물리학자인 리제 마이트너(Lise Meitner, 1878&~1968)가 있었다. 그들은 잠재적 담체로 원자번호 56번 원소인 바륨을 실험계에 추가했다. 혼합물을 분리해 보니,

실제로 상당한 양의 방사능이 바륨과 함께 따라 나오는 것이 확인되었다.

이로부터 자연스럽게 내릴 수 있는 결론은, 방사능을 내는 동위원소들이 화학적으로 바륨과 매우 비슷한 성질을 가진 원소에 속한다는 것이었다. 그 즉시 의심의 초점은 원자번호 88의 라듐으로 향했다. 라듐은 화학적 성질 면에서 바륨과 매우 흡사한 원소였기 때문이다.

그러나 유대인이었던 리제 마이트너는 독일에서 연구를 계속하기 어려운 처지에 놓여 있었다. 당시 독일은 강력한 반유대주의 정책을 펴는 나치 정권의 통치하에 있었기 때문이다. 1938년 3월, 독일이 오스트리아를 점령하여 자국 영토로 편입하자, 마이트너는 더 이상 오스트리아 국적의 보호를 받을 수 없게 되었다. 결국 그녀는 나라를 떠나 스웨덴 스톡홀름으로 망명해야 했다. 한편, 오토 한은 독일에 남아 독일의 물리화학자 프리츠 슈트라스만(Fritz Strassmann, 1902~1980)과 함께 이 문제에 대한 연구를 계속 이어갔다.

방사능을 띠고 있던 그 '가상의 라듐'은 화학적 성질 면에서 바륨과 매우 비슷했지만, 완전히 동일하지는 않았다. 따라서 두 물질을 분리할 방법이 있었고, 오토 한과 슈트라스만은 방사성 동위원소를 분리·농축해 자세히 연구하기 위해 이 분리에 몰두했다. 그러나 아무리 반복해도 바륨과 그 '라듐'은 끝내 분리되지 않았다.

그러자 오토 한은 점차 한 가지 의심을 품기 시작했다. 만약 아무리 시도해도 바륨과 방사능을 분리할 수 없다면, 그 방사능이 속한 동위원소들은 바륨과 너무나 흡사해서, 사실상 바륨 그 자체일지도 모른다는 생각이었다. 그러나 그는 그 결론을 선뜻 내놓지 못했다. 너무나 믿기 어려운 일이기 때문이었다.

만약 그 방사성 동위원소들 속에 라듐이 포함되어 있다면, 그것은 그리 이상한 일은 아니었다. 라듐의 원자번호는 88로, 우라늄의 92보다 겨우 네 단계 낮기 때문이다. 우라늄 원자핵이 중성자 하나를 흡수해 극도로 불안정해지고, 그 결과 알파 입자 두 개를 방출하면서 라듐으로 변한다고 상상하는 것은 충분히 가능했다.

그러나 바륨의 경우는 달랐다. 바륨의 원자번호는 56으로, 우라늄의 절반 조금 넘는 수준이었다. 우라늄 핵이 바륨 핵으로 변하려면, 거의 두 조각으로 쪼개져야만 한다는 뜻이다. 그러나 그런 현상은 그때까지 한 번도 관찰된 적이 없었다. 그래서 한은 그 가능성을 감히 제기하지 못하고 망설였다.

그러나 오토 한이 그 놀라운 결론을 스스로 입 밖에 내기 주저하고 있을 때, 스톡홀름에 있던 리제 마이트너는 오토 한의 연구실에서 진행 중인 실험 보고를 받아 보며 그 결과를 곰곰이 검토했다. 그리고 아무리 전례가 없더라도, 가능한 설명은 단

하나뿐이라는 결론에 이르렀다.

우라늄의 원자핵이 두 조각으로 갈라지고 있다는 것이다.

사실 한 번 충격을 가라앉히고 생각해 보면, 그것은 그리 믿기 어려운 일만은 아니었다. 핵력이란 매우 짧은 범위에서만 작용하기 때문에, 우라늄처럼 큰 원자핵 전체에 걸쳐 겨우 닿을 정도였다. 평소에는 그 힘이 핵을 간신히 붙잡고 있지만, 여기에 중성자 하나가 들어와 에너지가 더해지면, 핵 내부를 따라 충격파가 퍼져 나가며 원자핵을 떨리는 액체 방울처럼 만든다고 상상할 수 있다.

이때 우라늄 핵은 대부분의 경우 다시 안정되어 중성자를 흡수한 채 베타 입자를 방출하며 다른 원소로 변하지만, 때때로 핵이 너무 늘어나 핵력이 더 이상 그것을 붙잡지 못하는 지점에 이른다. 그러면 핵은 아령 모양으로 변하고, 두 부분이 모두 양전하를 띠고 있기 때문에 전자기적 반발력에 의해 완전히 갈라져 버린다.

핵은 정확히 같은 두 조각으로 쪼개지지 않는다. 또한 항상 같은 위치에서 갈라지는 것도 아니기 때문에, 여러 가지 다른 파편들이 생겨날 수 있었다. (이 때문에 실험 결과가 그렇게 혼란스러웠던 것이다.) 그럼에도 핵이 갈라지는 비교적 흔한 형태 중 하나는 바륨과 크립톤으로 나뉘는 경우였다. (이 두 원소의 원자번호, 56과 36을 더하면 우라늄의 92와 일치한다.)

리제 마이트너와 그녀의 조카 오토 프리슈(Otto Frisch, 1904~1979)
는 덴마크 코펜하겐에서 이 현상을 설명하는 논문을 준비했고,
그 논문은 1939년 1월에 발표되었다. 프리슈는 함께 연구하던
덴마크의 물리학자 닐스 보어(Niels Bohr, 1885~1962)에게 이 논문을
전달했다.

당시 코펜하겐에서 연구 중이던 미국의 생물학자 윌리엄 A.
아놀드(William A. Arnold, 1904~2001)는 우라늄 원자핵이 두 조각으로
나뉘는 이 과정을, 세포가 둘로 분열하는 현상에 쓰이는 용어를
빌려 '핵분열(fission)'이라 부르자고 제안했다. 그 이름은 그대로
정착되었다.

1939년 1월, 마이트너와 프리슈의 논문이 발표될 무렵, 닐스
보어는 물리학자 회의에 참석하기 위해 미국에 도착했다. 그는
그 자리에서 핵분열에 관한 소식을 전했다.

이 소식을 들은 다른 물리학자들은 커다란 흥분에 휩싸였고,
즉시 이 문제의 연구에 착수했다. 불과 몇 주 만에, 우라늄의 핵
분열이 실제로 일어난다는 사실이 여러 차례의 실험을 통해 잇
따라 확인되었다.

우라늄의 핵분열에서 특히 주목할 만한 점은, 방출되는 에너
지의 양이 매우 크다는 사실이었다. 일반적으로 아주 무거운 원
자핵이 더 가벼운 핵으로 변할 때는, 1920년대 애스턴이 보여준
것처럼 질량 결손의 변화로 인해 에너지가 방출된다. 우라늄 원

자핵이 일반적인 방사성 붕괴 과정을 거쳐 더 가벼운 납의 원자핵으로 변할 때에도 일정한 양의 에너지가 방출된다. 그러나 핵이 둘로 쪼개져 바륨과 크립톤(또는 그와 비슷한 원소들)의 훨씬 가벼운 핵으로 나뉠 때에는, 그보다 훨씬 더 막대한 에너지가 방출된다.

우라늄의 핵분열이 일어난 뒤 곧 밝혀진 사실은, 그 핵분열이 당시 알려져 있던 어떤 핵반응보다 원자핵 하나당 약 열 배에 달하는 핵에너지를 방출한다는 점이었다.

그렇다 하더라도, 만약 중성자 하나가 우라늄 원자 하나에 충돌하여 그 원자 하나만 분열시킨다는 조건이라면, 핵분열로 방출되는 에너지의 양은 여전히 중성자를 만들어내는 데 투입된 에너지에 비해 극히 작은 일부에 지나지 않았다.

그런 조건이 유지되는 한, 러더퍼드가 의심했던 것처럼 인류가 핵에너지를 실용적으로 이용하는 날은 결코 오지 않을 것이라는 생각은 여전히 사실로 남아 있었을 것이다. (핵분열이 발견되었을 때 러더퍼드는 이미 세상을 떠난 지 2년이 지난 뒤였다.)

그러나 실제 상황은 그와 같지 않았다.

핵연쇄반응

이전에 화학 에너지가 관여하는 연쇄반응에 대해 살펴본 바 있다. 아주 적은 양의 에너지가 화학 반응을 일으켜, 그 반응에서 방출된 에너지가 주변 부분을 다시 점화시키고, 그 과정이 반복되며 점점 더 큰 규모로 이어지는 것이다.

이렇게 해서 성냥불 하나가 낙엽에 옮겨붙고, 그 불길이 나중에는 온 숲을 태워버릴 수도 있다. 이때 숲이 타면서 방출하는 에너지는, 처음의 작은 성냥불이 가진 에너지에 비할 수 없을 정도로 거대하다.

그렇다면 '핵연쇄반응'이라는 것도 가능하지 않을까? 즉, 한 번의 핵반응이 더 많은 핵반응을 일으킬 수 있는 무언가를 만들어내고, 그것이 다시 같은 종류의 반응을 더 일으키며, 이런 과정이 끝없이 이어질 수 있는 것은 아닐까?

만약 그렇다면, 핵반응은 한 번 시작되면 스스로 계속 진행될 것이다. 그리고 그것을 시작하는 데 필요한 것은 — 이를테면 중성자 하나처럼 — 아주 미미한 초기 에너지 투자에 불과하겠지만, 그 결과로 엄청난 수의 핵 붕괴가 연달아 일어나며 막대한 에너지가 방출될 것이다. 설령 그 연쇄반응을 일으킬 첫 번째 중성자 하나를 만드는 데 상당한 에너지가 들더라도, 최종적으로는 그보다 훨씬 큰 '에너지의 이익'을 얻을 수 있을 것이다.

게다가, 핵반응이 핵에서 핵으로 전파되는 속도가 백만분의 일 초 단위라면, 아주 짧은 시간 안에 엄청난 수의 원자핵이 연쇄적으로 붕괴하여 거대한 폭발이 일어날 것이다. 이 폭발은 같은 양의 물질이 일으키는 일반적인 화학 폭발보다 수백만 배나 강력할 것이 거의 확실하다. 화학폭발은 오직 전자기적 상호작용만을 이용하는 반면, 핵반응은 훨씬 강력한 핵 상호작용을 이용하기 때문이다.

핵연쇄반응에 대한 아이디어를 처음으로 진지하게 떠올린 사람은 헝가리의 물리학자 레오 실라르드(Leo Szilard, 1898~1964)였다. 그는 1933년, 아돌프 히틀러가 집권하던 시기에 독일에서 일하고 있었는데, 유대인이었던 그는 독일을 떠나는 것이 현명하다고 판단했다. 그리하여 영국으로 건너간 뒤, 1934년에 새롭게 발견된 여러 종류의 핵반응을 연구하던 중 한 가지 가능성을 생각하게 되었다.

그 반응들 가운데 일부에서는 빠른 중성자가 핵과 충돌하여, 충분한 에너지를 줄 경우 그 핵이 중성자 두 개를 방출하는 현상이 있었다. 즉, 핵이 중성자 하나를 흡수하고 다시 두 개를 방출함으로써, 같은 원소의 더 가벼운 동위원소로 바뀌는 것이다.

그러나 만약 처음 표적 핵에서 튀어나온 두 중성자 각각이 새 핵에 충돌하여 그들로부터 다시 중성자 한 쌍씩을 방출하게 만든다면 어떻게 될까. 이제 총 네 개의 중성자가 떠돌게 되고, 그들이 각각 새로운 핵에 부딪혀 다음에는 여덟 개의 중성자가 생기게 될 것이다. 이렇게 계속되면, 한 개의 중성자로 시작한 초기 투자만으로도 곧 수없이 많은 수십억 개의 중성자가 핵반응을 일으키게 될지도 모른다.

실라르드는 전쟁의 불가피성을 두려워했고, 더욱이 독일의 잔혹한 지도자들이 그런 핵연쇄반응을 전쟁 무기로 찾아내어 사용할까 봐 두려워했다. 그는 몰래 그러한 핵연쇄반응을 이용하려는 장치에 대한 특허를 출원했다. 그 발명을 영국 정부에 넘겨 그들이 소유하도록 함으로써 나치의 행동을 억제하고 평화를 지키는 데 사용되기를 바랐던 것이다.

그러나 그 방식으로는 작동하지 않았다. 두 개의 중성자를 방출시키려면 매우 높은 에너지를 지닌 중성자의 충돌이 필요했기 때문이다. 그렇게 방출된 중성자들은 에너지가 충분하지 않아 연쇄적인 반응을 지속시킬 수 없었다. (마치 젖은 나무에 불을 붙이려는 것과 같았다.)

하지만 우라늄의 핵분열은 달랐다. 우라늄의 핵분열은 느린 중성자에 의해 시작되었다. 그렇다면, 만약 우라늄의 핵분열이 중성자에 의해 시작될 뿐 아니라 새로운 중성자들도 함께 방출한다면 어떻게 될까? 그렇게 방출된 중성자들이 다시 다른 우라늄 핵분열을 일으키고, 또 그 과정에서 새로운 중성자가 생겨나는 일이 끝없이 반복될 수 있지 않을까?

핵분열이 중성자를 만들어낸다는 것은 매우 그럴듯해 보였고, 실제로 처음 핵분열이 논의된 학회에서 페르미는 즉시 그 가능성을 제기했다. 일반적으로 무거운 원자핵일수록 가벼운 원자핵에 비해 양성자 하나당 더 많은 중성자를 갖고 있다. 따라서 아주 무거운 원자핵이 훨씬 가벼운 두 조각으로 갈라지면, 중성자가 남아돌 가능성이 크다.

예를 들어 우라늄-238이 바륨-138과 크립톤-86으로 쪼개진다고 하자. 바륨-138은 중성자 82개, 크립톤-86은 중성자 50개를 가져 합이 132개가 된다. 그러나 우라늄-238의 원자핵에는 중성자가 146개 있다.

우라늄의 핵분열 과정이 곧바로 연구되어 실제로 중성자가 방출되는지 확인되었고, 실라르드 등 여러 물리학자들이 그 사실을 밝혀냈다.

이제 실라르드는 자신이 확신하는 핵연쇄반응과 마주하게 되었다. 관여하는 것은 오직 느린 중성자들이고, 개별적인 핵붕괴 하나하나는 그때까지 알려진 어떤 것보다 훨씬 더 큰 에너지를 내놓는다. 만약 상당한 덩어리의 우라늄에서 연쇄반응을 일으킬 수 있다면, 상상할 수 없는 양의 에너지가 생성될 것이다.

우라늄 1그램이 완전히 분열하면 석탄 3톤을 전부 태워 얻는 에너지에 해당하는 양을 방출하며, 그것을 극히 짧은 순간에 방출한다.

1937년에 미국으로 건너간 실라르드는, 그때까지 누구도 상상하지 못했던 엄청난 폭발력의 무기 ─ '핵폭탄'이라 부를 만한 것 ─ 의 개념을 명확히 그려볼 수 있었다. 그는 히틀러가 독일의 핵과학자들을 통해 이런 폭탄을 손에 넣을 가능성을 두려워했다.

실라르드의 주도로, 1940년에는 미국과 히틀러에 반대하는 서방 국가의 물리학자들 사이에서 자발적인 비밀 유지 운동이 시작되었다. 독일 측에 어떤 단서라도 전해지는 일을 막기 위해서였다.

더 나아가 실라르드는 같은 헝가리 출신의 난민 과학자 두 사람 ─ 물리학자 유진 위그너(Eugene Wigner, 1902~1995)와 에드워드 텔러(Edward Teller, 1908~2003) ─ 의 도움을 구했고, 세 사람은 모두 독일을 떠나 미국으로 망명해 있던 아인슈타인에게 함께 접근했다.

아인슈타인은 당시 살아 있던 과학자들 가운데 가장 권위 있는 인물로 여겨졌고, 그가 미국 대통령에게 보내는 편지는 가장 설득력이 클 것으로 생각했다. 아인슈타인은 핵폭탄의 가능성을 설명하고, 미국은 잠재적 적국이 그것을 먼저 손에 넣지 못하도록 해야 한다고 촉구하는 편지에 서명했다.

이 편지의 영향으로 주로 미국 주도 아래 막대한 연구팀이 조직되었고, 다른 서방 국가들도 여기에 참여하여 하나의 목표만을 위해 연구를 진행했다 — 핵폭탄을 개발하는 것이었다.

∞∞

존경하는 대통령 각하,

E. 페르미와 L. 실라르드가 최근에 수행한 연구(그 원고를 제가 전달받았습니다)는, 가까운 장래에 우라늄 원소가 중요한 에너지원으로 전환될 수 있음을 시사하고 있습니다. 이러한 상황의 몇 가지 측면은 행정부가 주의를 기울이고, 필요하다면 신속히 대응해야 할 필요성을 보여줍니다. 그러므로 저는 다음의 사실과 제안을 각하께 보고하는 것이 제 의무라고 생각합니다.

지난 4개월 동안의 연구 결과 — 프랑스의 졸리오와 미국의 페르미 및 실라르드의 작업에 의해 — 라늄의 거대한 덩어리에서 핵연쇄반응을 일으켜 막대한 동력과 방대한 양의 라듐 유사 신원소들을 생성할 수 있게 될 가능성이 높아졌다는 사실이 제기되었습니다. 이제 이것은 거의 당장 실현될 수 있을 것으로 보입니다.

이 새로운 현상은 또한 폭탄의 제작으로 이어질 것입니다. 그리고 가능성은 훨씬 낮지만, 이로 인해 새로운 유형의 극도로 강력한 폭탄이 만들어질 수도 있다는 점도 상상할 수 있습니다. 이런 종류의 폭탄 하나가 배로 운반되어 항구에서 폭발한다면, 그 항구 전체와 주변 일부 지역을 완전히 파괴할 가능성이 큽니다. 다만 이러한 폭탄은 공중 수송에는 너무 무거워 비행기로 옮기기에는 적합하지 않을 수도 있습니다.

미국에는 품위가 매우 낮은 우라늄 광석이 있으며 보유량도 그다지 많지 않습니다. 캐나다와 옛 체코슬로바키아에는 양호한 광석이 일부 있으며, 가장 중요한 우라늄 공급원은 벨기에령 콩고입니다.

이런 사정을 고려하면, 행정부와 미국 내에서 연쇄반응 연구에 종사하는 물리학자 집단 사이에 지속적인 비공식적 연락 체제를 유지하는 것이 바람직하다고 여겨질 수 있습니다. 이를 위해 귀하께서 신임할 수 있는 인물을 비공식적 지위로 임명하여 이 임무를 맡기는 방법을 고려해 보실 수도 있습니다. 그 사람의 임무는 다음과 같은 것들을 포함할 수 있습니다:

a) 정부 부처에 접근하여 그들의 추가 연구 진행 상황을 알려

주고 정부의 조치를 위한 권고를 제시하되, 특히 미국을 위한 우라늄 광석 확보 문제에 각별한 주의를 기울일 것;

b) 현재 대학 실험실 예산의 범위 내에서 진행되고 있는 실험 작업을, 필요하다면 이 목적에 기꺼이 기부할 개인들과의 연락을 통해 자금을 제공하거나, 또한 필요한 장비를 갖춘 산업 연구소의 협력을 얻음으로써 신속히 진척시킬 것.

독일은 이미 체코슬로바키아 광산을 인수한 뒤, 그곳에서 채굴되는 우라늄의 판매를 중단한 것으로 알고 있습니다. 독일이 이렇게 이른 시점에 조치를 취한 것은, 독일 외무차관 폰 바이츠제커(von Weizsacker)의 아들이 베를린의 카이저 빌헬름 연구소에 소속되어 있으며, 그곳에서 미국의 우라늄 관련 연구가 일부 반복되고 있다는 사실로 어느 정도 이해될 수도 있을 것입니다.

진심을 담아,

알베르트 아인슈타인

핵폭탄

핵폭탄 이론은 분명하고 단순해 보였지만, 현실적으로는 수많은 실무적 난제가 가로놓여 있었다. 우선, 오직 우라늄 원자들만이 핵분열을 일으킨다면 연쇄반응을 유지하기 위해 적어도 순수한 형태의 우라늄을 확보해야 했다. 중성자가 우라늄 이외의 원소 핵에 부딪치면 그곳에 흡수되어 사라져버리고 그 순간 연쇄반응의 가능성도 끝나기 때문이다. 이는 결코 쉬운 일이 아니었는데, 대량으로 쓸 만한 우라늄의 수요가 거의 없었기 때문에 공급도 거의 전무했고, 정제하는 방법에 대한 경험도 거의 없었기 때문이다.

둘째로, 우라늄의 공급량이 많아야 할 수도 있었다. 중성자들이 처음 마주친 우라늄 원자에 곧바로 들어가는 것은 아니었기 때문이다. 중성자들은 이리저리 움직이며 비껴치는 충돌을 하다가 한참을 여행한 뒤에야 정면으로 핵에 부딪쳐 흡수될 수 있었다. 그 사이에 중성자가 우라늄 덩어리 밖으로 빠져나가 버리면 쓸모가 없게 된다.

핵분열 연쇄반응이 일어난 우라늄 덩어리의 양이 커질수록, 생성된 중성자들이 표적을 맞히는 비율이 높아져 반응이 멈추는 속도는 점점 느려졌다. 마침내 어떤 특정한 크기 — '임계 크기' — 에 이르면 반응은 더 이상 멈추지 않고 스스로 유지되어, 생성된 중성자들 가운데 충분수가 표적을 맞혀 핵반응이 일정한 속도로 계속되었다. 그보다 클 경우 반응이 가속되어 폭발이 일어날 것이다.

심지어 중성자를 우라늄에 투입할 필요도 없었다. 1941년 러시아의 물리학자 게오르기 플료로프(Georgii Flerov, 1913~1990)는 때때로 우라늄 원자가 중성자의 도입 없이도 핵분열을 일으킨다는 사실을 발견했다. 우연히 원자핵이 떨리다가 핵력이 원래 형태로 되돌려 놓을 수 없는 모양이 되어 버리면 그 핵은 갈라져 버린다.

보통 우라늄 1그램에는 평균 약 2분마다 하나의 원자핵이 이런 '자발적 핵분열'을 일으키고 있다. 따라서 임계 크기를 넘기기만 하면 충분하고, 첫 번째로 자발적 핵분열을 일으킨 핵이 연쇄반응을 시작하므로 몇 초 안에 폭발하게 된다.

초기 추산에 따르면, 핵분열이 연달아 일어날 수 있는 임계 질량에 도달하려면 매우 많은 양의 우라늄이 필요해 보였다. 그런데 우라늄 금속의 99.3%는 우라늄-238이고, 핵분열이 처음 발견되었을 때 보어는 이론적으로 우라늄-235(전체의 0.7%에

불과함)가 분열을 일으키는 동위원소일 가능성이 높다고 지적
했다. 이후의 연구는 그의 견해가 옳았음을 증명했다.

실제로 우라늄-238의 원자핵은 느린 중성자를 흡수하고도
분열하지 않는 경향이 있었으며, 대신 베타 입자를 방출해 넵투
늄과 플루토늄의 동위원소를 생성하는 쪽으로 진행되었다. 이
런 이유로 우라늄-238은 오히려 연쇄반응을 방해하는 역할을
하게 되었다.

어떤 우라늄 시료에서든 우라늄-235의 함량이 많고 우라
늄-238이 적을수록 연쇄반응은 더 쉽게 일어나며 필요한 임계
크기도 작아진다. 따라서 두 동위원소를 분리하여 우라늄-235
의 농도를 정상보다 높인 우라늄(즉, 농축 우라늄)을 제조하려
는 거대한 노력이 기울여졌다.

물론 연쇄반응을 연구하는 동안 통제 불능의 거대한 폭발이
일어나기를 바라지는 않았다. 어떤 폭탄을 만들기 전에 연쇄반
응의 메커니즘을 먼저 연구해야 했다. 에너지를 생산할 수 있는
(유용한 목적에도, 폭탄에도) 연쇄반응을 제어할 수 있게 만들
수 있을까? 이를 시험하기 위해, 우라늄을 일정량 모아 통제된
우라늄 핵분열 연쇄반응을 일으켜 보려는 시도가 이루어졌다.
그 목적을 위해 연쇄반응을 쉽게 흡수해 늦추는 물질 — 제어봉
— 이 사용되었고, 그 용도로는 카드뮴 금속이 매우 적합했다.

또한, 핵분열로 방출되는 중성자들은 에너지가 매우 높았다.

그래서 이들은 너무 빠르게, 너무 멀리 이동하는 경향이 있었고, 우라늄 덩어리의 바깥으로 쉽게 빠져나가 버렸다. 안전하게 연구할 수 있는 형태의 연쇄반응을 일으키기 위해서는 감속재가 필요했다. 감속재란 중성자를 잘 흡수하지 않으면서도, 충돌 시 중성자의 에너지를 일부 빼앗아 중성자의 속도를 늦추는 작은 원자핵의 물질을 말한다.

수소-2, 베릴륨-9, 탄소-12 같은 원자핵은 좋은 감속재 역할을 했다. 핵분열로 생성된 중성자가 감속되면, 흡수되기까지 이동하는 거리가 더 짧아지고, 그 결과 임계 질량 역시 더 작아질 수 있었다.

1942년 말 무렵, 그 프로젝트의 초기 단계는 절정에 이르렀다. 우라늄 금속과 우라늄 산화물이 들어 있는 흑연 블록들이 엄청난 양으로 쌓여 임계 크기에 근접하려는 시도가 이루어졌다(당시에는 농축 우라늄이 아직 준비되지 않은 상태였다). 이 작업은 시카고대학교의 미식축구 경기장 관중석 아래에서 진행되었으며, 1938년에 미국으로 온 엔리코 페르미가 이를 책임지고 있었다.

이 거대한 구조물은 처음에는 흑연 블록을 차곡차곡 쌓아 올린 형태였기 때문에 '원자 더미'라고 불렸다. 그러나 이런 장치를 부르는 올바른 명칭은 '핵반응로'였으며, 결국 그 이름이 공식적으로 채택되었다.

1942년 12월 2일, 계산 결과에 따르면 이 핵반응로는 이미 임계 크기에 도달할 만큼 충분히 커져 있었다. 연쇄반응이 스스로 지속되지 못하게 막고 있던 유일한 요소는 이곳저곳에 삽입된 카드뮴 제어봉으로, 이들이 중성자를 흡수하고 있었던 것이다.

카드뮴 제어봉이 하나씩 뽑혀 나가자, 매초 핵분열을 일으키는 우라늄 원자의 수가 점점 증가했다. 그리고 마침내 오후 3시 45분, 우라늄의 핵분열이 스스로 지속되는 상태에 도달했다. 연쇄반응이 자체적으로 유지되기 시작한 것이다. (만약 반응이 통제 불능 상태로 치닫는다면, 계산상으로는 가능성이 거의 없다고는 해도, 카드뮴 제어봉을 즉시 다시 삽입할 준비가 되어 있었다.)

이 성공 소식은 아서 컴프턴(Arthur Compton, 1892~1962)이 제임스 코넌트(James Conant, 1893~1978)에게 보낸 조심스러운 전화 한 통으로 워싱턴에 전달되었다.

"이탈리아 항해자가 신세계에 상륙했습니다."
코넌트가 "원주민들은 어떤가요?"라고 묻자,
컴프턴은 "매우 우호적입니다."라고 대답했다.

이날, 바로 그 순간 인류는 '핵 시대'에 들어섰다. 인류 역사상 처음으로, 투입된 에너지보다 더 많은 핵에너지가 방출되는 장치가 만들어진 것이다. 인류는 마침내 핵에너지의 거대한 저장고를 열어 그것을 활용할 수 있게 되었다. 러더퍼드가 불과 6년만 더 살았다면, 결코 불가능하다고 생각했던 자신의 판단이 얼마나 틀렸는지를 직접 보았을 것이다.

지구에 사는 사람들은 시카고에서 일어난 일을 전혀 알지 못했고, 물리학자들은 계속해서 핵폭탄 개발을 향해 연구를 진행했다.

농축 우라늄의 제조가 성공적으로 이루어졌다. 임계 크기가 충분히 낮아져 비행기로 운반할 수 있을 정도로 작은 핵폭탄을 만들 수 있게 된 것이다. 예를 들어 각각은 임계 이하이지만 합치면 임계를 넘는 두 장의 농축 우라늄 판이 있다고 하자. 여기에 원하는 순간 한 판을 다른 판 쪽으로 밀어붙이도록 작동하는 폭발 장치를 달아두면, 그 순간 파괴적인 폭발이 일어날 것이다. 또는 처음부터 농축 우라늄을 느슨하게 포장된 여러 조각으로 배열해 두어, 비행 중에 중성자들이 공기 속으로 자주 빠져나가 연쇄반응이 유지되지 않게 할 수도 있다. 적절하게 설계된 폭발로 우라늄을 밀집된 공 모양으로 압축하면 중성자 흡수가 더 효율적으로 일어나 다시 폭발이 발생한다.

1945년 7월 16일, 뉴멕시코주 알라모고르도 근처에 핵폭발을 일으킬 장치가 설치되었고, 긴장한 물리학자들이 안전한 거리

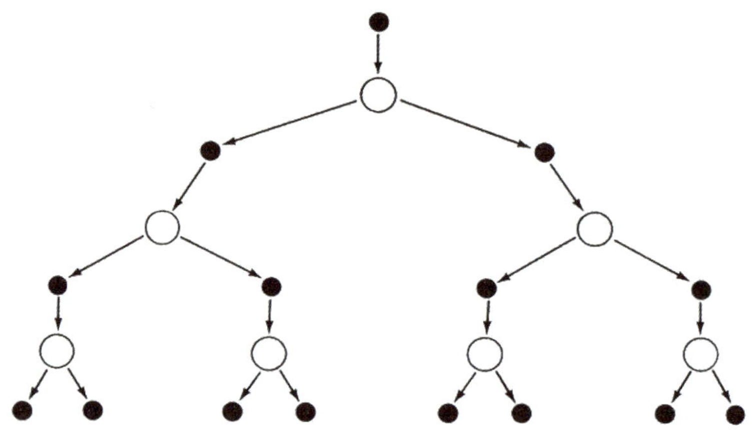

우라늄의 핵분열

한 개의 중성자가 우라늄 원자핵에 부딪친다. 그 중성자는 핵을 두 부분으로 쪼개고, 그 과정에서 막대한 양의 에너지가 열의 형태로 방출된다. 동시에 분열한 핵으로부터 다른 중성자들이 방출되고, 이들이 연쇄반응을 이어간다.

에서 지켜보았다. 장치는 완벽하게 작동했고 폭발은 엄청났다.

그때 나치 독일은 이미 패배했지만 일본은 여전히 전쟁을 이어가고 있었다. 두 개의 핵폭탄이 추가로 준비되었다. 경고 이후, 1945년 8월 6일 하나가 일본 히로시마 상공에서 폭발했고, 이틀 뒤인 8월 8일에는 나가사키 상공에서 또 하나가 폭발했다. 일본 정부는 항복을 선언했고, 제2차 세계대전은 그렇게 막을 내렸다.

히로시마 상공에서의 폭발과 함께, 인류는 비로소 자신들이 '핵 시대'에 들어섰음을 깨달았다. 그리고 그 무시무시한 무기, 즉 핵폭탄이 존재한다는 사실을 알게 되었다. (그 당시에는 일반적으로 '원자폭탄' 또는 'A-폭탄'이라고 불렀다.)

전쟁 중 독일 과학자들도 핵폭탄을 개발하려 했던 것으로 보이지만, 그렇다 하더라도 독일이 최종적으로 패배할 당시까지 성공하지는 못했다. 한편, 소련의 물리학자들 역시 이 문제에 매달리고 있었으며, 그 연구는 이고리 쿠르차토프(Igor Kurchatov, 1903~1960)가 이끌었다. 그러나 전쟁이 소련에 훨씬 더 큰 피해를 입힌 탓에, 소련의 연구는 전쟁 중에는 성공에 이르지 못했다. 다만 전쟁이 끝난 뒤 소련이 승전국의 일원으로 남으면서 연구를 계속할 수 있었다.

1949년, 소련은 첫 번째 핵폭탄 실험을 성공적으로 수행했다. 이어 1952년에는 영국이, 1960년에는 프랑스가, 1964년에는 중국이 각각 핵폭탄을 폭발시켰다.

많은 핵폭탄이 실험 목적으로 폭발되었지만, 전시(戰時)에 사용된 것은 히로시마와 나가사키에서의 두 건뿐이었다.

핵폭탄을 파괴적 잠재력만 가진 것으로 볼 필요는 없다. 적절한 안전대책을 세운다면, 굴착이나 항구·운하의 개척, 지하 암반을 깨뜨려 석유나 다른 자원을 회수하는 일 등에서 화약으로 하는 일을 훨씬 더 빠르고 경제적으로 수행할 가능성이 있다.

심지어 여러 개의 핵폭발을 연속적으로 일으켜 우주선을 지구
로부터 멀리 쏘아 올리는 추진 수단으로 이용할 수 있다는 제안
도 제기된 바 있다.

원자로

핵연쇄반응의 발전은 폭탄 개발에만 국한되지 않았다. 유용
한 에너지를 통제된 형태로 생산하기 위해 고안된 원자로는 페
르미의 최초 '원자 더미' 이후 그 수와 효율이 급격히 늘어났다.
오늘날 많은 나라들이 이를 보유하고 있으며, 다양한 목적에 활
용하고 있다.

1954년, 미국은 세계 최초의 핵잠수함 '노틸러스(USS
Nautilus)'를 진수했다. 그 추진력은 전적으로 원자로에서 나오
는 핵에너지에 의해 얻어졌기 때문에, 잠수함은 짧은 주기로 수
면 위로 올라와 배터리를 충전할 필요가 없었다. 핵잠수함은 북
극해의 얼음 밑을 통과했고, 한 번도 부상하지 않은 채 지구를
일주하기도 했다.

1959년에는 소련과 미국이 모두 핵추진 수상선을 진수했다.

소련의 선박은 쇄빙선 '레닌', 미국의 선박은 상선 '세이배너'였다. 1950년대에는 원자로가 민간용 전력 생산의 동력원으로도 사용되기 시작했다. 1954년, 소련은 출력 5,000킬로와트 규모의 소형 원자력 발전소를 건설했다. 영국은 92,000킬로와트 규모의 발전소를 세우고 이를 '컬더 홀(Calder Hall)'이라 명명했다. 미국의 첫 민간용 원자로는 1958년 펜실베이니아주 쉬핑포트에서 가동을 시작했으며, 이는 세계 최초의 본격적인 상업용 원자력 발전소였다.

세계는 예상보다 훨씬 더 거대한 에너지원을 가진 듯 보였다. 석탄, 석유, 천연가스와 같은 '화석연료'는 너무 빠른 속도로 소비되고 있었으며, 많은 사람들은 석유와 가스는 수십 년 안에, 석탄은 수세기 안에 고갈될 것이라고 예상했다. 이제 우라늄이 사실상 무한히 지속될 수 있는 새로운 에너지원이 될 수 있을까?

그러나 핵분열을 일으키는 것이 우라늄-235라는 사실은 다소 실망스러웠다. 우라늄-235는 전체 우라늄 가운데 겨우 0.7%에 불과했기 때문이다. 만약 우리가 가진 것이, 그리고 앞으로도 가질 수 있는 것이 오직 우라늄-235뿐이라면, 인류의 에너지 공급은 여전히 제한적일 수밖에 없었다.

그러나 다른 '핵연료'들도 있었다. 중성자의 충돌로 핵분열을 일으키는 플루토늄-239가 그중 하나였다. 이 동위원소는 알파 방출을 수반하는 방사성 변화의 통상적인 반감기가 24,300년으로, 다루기에 충분히 긴 편이었다.

그렇다면 플루토늄-239를 어떻게 실용적인 양으로 만들어 낼 수 있을까? 결국 자연계에는 존재하지 않지만, 놀랍게도 만들기가 쉬웠다. 우라늄-238 원자들이 원자로에서 끊임없이 새어나오는 많은 중성자를 흡수하면 우선 우라늄-239가 되고, 이어서 베타 붕괴를 통해 넵투늄-239가 되며 다시 한 번 베타 붕괴하면 플루토늄-239가 된다. 플루토늄은 우라늄과는 다른 원소이므로 화학적으로 분리할 수 있어, 유용한 양으로 확보할 수 있다.

이 장치는 연료를 '증식'한다는 뜻에서 흔히 증식형 원자로(또는 증식로, breeder reactor)라고 불린다. 실제로 이렇게 설계하면 소모하는 우라늄-235보다 더 많은 플루토늄-239를 만들어내어, 결과적으로 시작할 때보다 더 많은 핵연료를 얻게 된다. 이런 방식으로 지구상에 존재하는 모든 우라늄(우라늄-235뿐 아니라 우라늄 전체)을 잠재적 핵연료로 간주할 수 있게 된다.

쉬핑포트 원자력 발전소는 민간용으로 건설된 세계 최초의 대규모 원자력 발전소로, 피츠버그 대도시권의 가정과 공장에 전력을 공급한다. 이 발전소는 가압수형 원자로를 사용하며, 현재 순전력 9만kW의 용량을 갖추고 있다. 1957년 상업 운전을 시작했으며, 원자로는 중앙의 대형 건물 안에 설치되어 있다.

첫 번째 증식형 원자로는 1951년 8월 아이다호 주 아르코에서 완성되었고, 같은 해 12월 20일에는 지구상에서 최초로 핵에너지로부터 전기가 생산되었다. 그럼에도 상업용 증식형 원자로는 아직도 미래의 과제로 남아 있다.

중성자 충돌로 핵분열을 일으킬 수 있는 또 다른 동위원소는 우라늄-233이다. 자연에는 존재하지 않지만 1942년 시보그와 동료들에 의해 실험실에서 합성되었다. 반감기는 162,000년이다. 우라늄-233은 자연적으로 존재하는 토륨-232로부터 만들어질 수 있다. 토륨-232가 중성자를 흡수하면 토륨-233이 되고, 이어 베타 입자 두 개를 방출하여 토륨-233은 먼저 프로탁티늄-233이 되고, 그다음 우라늄-233이 된다.

원자로를 토륨 껍질로 둘러싸면 그 내부에서 핵분열성 우라늄-233이 생성되고, 이 우라늄-233은 토륨과 쉽게 분리된다. 이렇게 해서 토륨도 지구의 잠재적 핵연료 목록에 추가된다.

지각에 있는 모든 우라늄과 토륨(예컨대 화강암 곳곳에 얇게 흩어진 것들까지 포함해서)을 모두 이용할 수 있다면, 지구에 존재하는 석탄과 석유로부터 얻는 에너지보다 최대 100배까지 더 많은 에너지를 얻을 수도 있다. 그러나 안타깝게도 지구에 있는 모든 우라늄과 토륨을 실제로 활용하게 될 가능성은 매우 적다. 이들 원소는 지각 암석 전반에 널리 그러나 매우 희박하게 퍼져 있어, 상당 부분은 분리, 채취하는 데 들어가는 에너지가 실제로 회수되는 에너지보다 많아져 경제적으로 사용할 수 없을 것이다.

또 다른 문제는 핵분열 반응의 성질에 있다. 우라늄-235 핵(또는 플루토늄-239, 우라늄-233)이 핵분열할 때는 여러 가지 중간 크기의 핵종 가운데 하나로 쪼개지는데, 이들 분열 생성물은 원래 연료보다 훨씬 더 강한 방사능을 띤다. (이들 '분열 생성물' 가운데에서 1945년에 원자번호 61번 원소의 동위원소들이 처음 얻어졌다. 핵의 불길에서 나왔다는 연상 때문에, 발견자들은 이를 그리스 신화에서 불을 훔친 프로메테우스에 빗대어 '프로메튬'이라 불렀다.)

분열 생성물들도 여전히 에너지를 지니고 있어 일부는 경량의 '핵전지'로 사용할 수 있다. 이러한 핵전지는 1954년에 처음 제작되었다. 분열 생성물 대신 플루토늄-238을 사용한 일부 전지는 장기간 인공위성의 동력원으로 실제로 활용되어 왔다.

불행히도 분열 생성물 가운데 유용하게 쓸 수 있는 것은 극히 일부에 불과하다. 대부분은 처리되어야 한다. 이들에서 방출되는 방사선은 치명적이며 일상적인 감각으로는 감지할 수 없기 때문에 매우 위험하다. 안전하게 처리하기도 대단히 어렵고, 환경으로 유출되어서는 안 된다. 특히 그중 일부는 수십 년 혹은 수세기 동안 유해성을 유지한다.

핵융합 NUCLEAR FUSION

태양의 에너지

흥미롭게도, 핵에너지를 얻는 방법은 핵분열만 있는 것이 아니다.

1920년대 애스턴의 연구는 중간 크기의 원자핵이 가장 단단히 밀집되어 있음을 보여주었다. 따라서 매우 큰 핵이 쪼개져 중간 크기의 핵이 되든, 아주 작은 핵들이 결합해 중간 크기의 핵이 되든, 그 과정에서는 에너지가 방출된다.

다시 말해, 거대한 핵이 핵분열을 통해 조각날 때뿐 아니라, 작은 핵들이 서로 합쳐 더 큰 핵이 될 때('핵융합')에도 에너지가 생긴다는 뜻이었다.

실제로 애스턴의 연구에 따르면, 같은 질량 기준으로 핵융합은 핵분열보다 훨씬 더 많은 에너지를 방출한다는 사실이 드러났다. 특히 수소가 헬륨으로 변할 때 그러했다. 즉, 네 개의 개별 수소 원자핵의 양성자들이 결합하여 두 개의 양성자와 두 개의 중성자로 이루어진 헬륨 원자핵으로 변할 때이다. 수소 1그램이 헬륨으로 융합될 때 방출되는 에너지는, 우라늄 1그램이 핵분열할 때 방출되는 에너지의 약 15배에 달한다.

이미 1920년에 영국의 천문학자 아서 에딩턴(Arthur Eddington, 1882~1944)은 태양의 에너지가 아원자 입자들의 상호작용에서 비롯된 것일지도 모른다고 추측했다. 그 무렵에는 태양이 끊임없이 방출하는 막대한 에너지를 설명할 수 있는 가장 타당한 방법이 어떤 형태로든 핵반응일 것이라는 생각이 점점 설득력을 얻고 있었다.

이 가설은 해가 갈수록 더욱 그럴듯해졌다. 에딩턴 자신이 별의 구조를 연구했고, 1926년에는 태양 중심부가 엄청난 밀도와 온도를 지니고 있을 것이라는 이론적 근거를 설득력 있게 제시했다. 태양 중심의 온도는 약 1,500만도에서 2,000만 도(℃)에 이를 것으로 보였다.

그러한 고온에서는 지구상에서와 같은 형태의 원자는 존재할 수 없다. 태양의 강력한 중력장에 의해 붙잡혀 있는 입자들은 엄청난 에너지로 서로 충돌하여, 그 결과 거의 모든 전자가 떨어져 나가고 알맹이인 원자핵만 남게 된다. 이러한 벌거벗은 원자핵들은 완전한 원자 상태일 때보다 훨씬 더 가까이 접근할 수 있으며(이 때문에 태양 중심부는 지구상의 물질보다 훨씬 더 밀도가 높다), 중심부의 온도에서는 이 원자핵들이 서로 부딪혀 결합함으로써 더 복잡한 핵을 형성할 수 있다. 이렇게 수백만 도의 고열로 일어나는 핵반응을 '열핵반응'이라고 부른다.

1920년대가 지나면서 태양의 화학적 구성에 대한 연구가 더 진전되자, 태양에는 이전에 생각했던 것보다 훨씬 더 많은 수소가 존재한다는 사실이 밝혀졌다. 1929년, 미국의 천문학자 헨리 러셀(Henry Russell, 1877~1957)은 태양이 부피 기준으로 약 60%가 수소로 이루어져 있다는 증거를 제시했다. (이 수치는 다소 보수적인 것으로, 현재는 약 80%가 보다 정확한 값으로 받아들여진다.) 만약 태양의 에너지가 핵반응에서 비롯된 것이라면, 그것은 틀림없이 수소의 융합 반응 때문일 것이다. 연료로서 충분한 양으로 존재하는 것은 수소 외에는 없기 때문이다.

원자핵이 어떻게 상호작용하는지, 그리고 특정 핵반응에서 얼마나 많은 에너지가 방출되는지에 대한 이해가 점점 깊어졌다. 이에 따라 태양 내부에서 실제로 어떤 일이 일어나고 있는지를 계산할 수 있게 되었다. 즉, 태양 내부의 밀도와 온도, 존재하는 여러 종류의 핵의 성질과 수, 그리고 필요한 에너지의 양을 고려해 태양의 작동 원리를 추정할 수 있었던 것이다.

1938년, 독일계 미국 물리학자 한스 베테(Hans Bethe, 1906~2005)와 독일 천문학자 카를 폰 바이츠제커(Carl von Weizsacker, 1912~2007)

는 각각 독립적으로 이러한 반응 과정을 계산해냈다. 그 결과 수소의 핵융합이 태양을 지속적으로 빛나게 하는 완전히 현실적인 과정임이 입증되었다.

열핵반응의 높은 에너지 생성률과 태양 속에 존재하는 막대한 양의 수소 덕분에, 태양은 지난 약 50억 년 동안 에너지를 방출해 올 수 있었을 뿐 아니라 앞으로도 적어도 50억 년 동안 지금과 같은 방식으로 에너지를 방출할 수 있을 것이다.

그렇다 하더라도 태양에서 일어나는 일의 규모는 지구의 기준으로 보면 실로 어마어마하다. 태양에서는 매초 6억5천만 톤의 수소가 헬륨으로 변하고, 그 과정에서 매초 460만 톤의 질량이 사라진다.

열핵폭탄

열핵반응을 지구에서 일으킬 수 있을까? 태양 중심부에 존재하는 조건을 지구상에서 그대로 재현하는 일은 극히 어렵기 때문에, 태양에서와 비슷한 에너지를 내되 지구에서 더 쉽게 일으킬 수 있는 어떤 형태의 핵융합을 찾아내려는 노력이 자연스럽게 뒤따랐다.

자연에는 세 가지의 수소 동위원소가 알려져 있다. 일반적인 수소는 거의 전부 수소-1로, 그 핵은 단 하나의 양성자로만 되어 있다. 소량 존재하는 수소-2(중수소)는 양성자 하나와 중성자 하나로 이루어진 핵을 가지며, 원자는 완전히 안정하다.

1934년, 러더퍼드와 호주 물리학자 마커스 올리펀트(Marcus Oliphant, 1901~2001), 오스트리아 화학자 폴 하르테크(Paul Harteck, 1902~1985)는 수소-2 핵들을 수소-2 표적에 날려 충돌시켜 수소-3(트리튬, 그리스어로 '세 번째'를 뜻함)을 만들었다. 수소-3의 핵은 양성자 하나와 중성자 두 개로 이루어져 있으며, 약한 방사능을 띤다.

수소-2는 수소-1보다 훨씬 쉽게 헬륨으로 융합되며, 다른 조건이 같다면 수소-1보다 더 낮은 온도에서 융합이 일어난다. 수소-3은 이보다도 더 낮은 온도에서 융합될 수 있다. 그러나 수소-3의 경우에도 여전히 수백만 도의 고온이 필요하다.

수소-3은 융합을 가장 쉽게 일으킬 수 있긴 하지만, 존재량은 극히 적다.

따라서 수소-2, 특히 수소-3과 결합된 형태가 가장 유망한 핵융합의 후보로 여겨진다. 모든 수소 원자 6,000개 중 단 하나만이 수소-2이지만, 그 정도면 충분하다. 지구에는 대부분이 물 분자로 이루어진 거대한 바다가 존재하며, 각 물 분자에는 두 개의 수소 원자가 들어 있다. 이 중 6,000개 중 하나가 중수소라고 해도, 바다에는 약 3조 5천억 톤의 중수소가 존재하는 셈이다.

게다가 그 중수소를 채굴하거나 시추할 필요도 없다. 바닷물을 분리 장치에 통과시키기만 하면 중수소를 손쉽게 추출할 수 있다. 실제로, 현재의 기술로 바닷물에서 중수소를 추출해 얻을 수 있는 에너지의 단가를 계산해보면, 석탄으로 같은 양의 에너지를 얻을 때보다 100분의 1 수준밖에 들지 않는다.

지구의 바다에 존재하는 중수소가 조금씩 핵융합을 일으킨다면, 인류는 지금과 같은 속도로 5,000억 년 동안 사용할 수 있을 만큼의 에너지를 얻을 수 있다. 물론 중수소 핵융합을 실제로 활용하려면 리튬 같은 희귀한 금속을 함께 사용해야 할지도 모른다. 그렇게 되면 사용 가능한 에너지의 한계는 다소 줄어들겠지만, 설령 그렇다 하더라도 핵융합은 인류가 존재하는 한 에너지를 공급하기에 충분할 것이다.

게다가 수소 융합 발전소가 통제 불능 상태에 빠질 위험은 거의 없다. 한 번에 융합에 참여하는 중수소의 양은 극히 적기 때문이다. 만약 어떤 문제가 생기더라도, 중수소 공급만 차단하면 즉시 융합 반응이 멈춘다. 또한 방사능 폐기물에 대한 걱정도 훨씬 적다. 가장 위험한 생성물인 삼중수소(수소-3)와 중성자는 비교적 쉽게 처리할 수 있기 때문이다.

이론적으로는 완벽해 보이지만, 한 가지 난관이 있다. 핵융합 발전소를 세우기 전에, 실제로 융합 반응을 시작할 수 있는 방법을 찾아야 한다는 점이다. 다시 말해, 수백만 도에 달하는 초고온을 만들어낼 실질적인 방법을 찾아야 한다는 뜻이다.

필요한 온도를 얻는 한 방법은 1945년까지 이미 알려져 있었다. 바로 폭발하는 핵분열 폭탄이었다. 어떤 방식으로든 필요한 중수소를 핵분열탄과 결합시키면, 그 폭발은 핵융합 반응을 일으켜 방출되는 에너지를 크게 증폭시킬 것이다. 사실상 그것은 '열핵폭탄'이 된다. (일반에는 흔히 '수소폭탄' 또는 'H-폭탄'이라고 불렸다.)

1952년 미국은 마셜 제도에서 최초의 핵융합 장치를 폭발시켰다. 몇 달 안에 소련도 자체 장치를 폭발시켰고, 시간이 지나며 히로시마에 투하된 최초의 핵분열폭탄보다 수천 배나 강력한 열핵폭탄들이 만들어져 폭발되었다.

지금까지 모든 열핵폭탄은 시험 목적으로만 폭발되었다. 그러나 그러한 시험조차도, 적어도 대기 중에서 수행되는 경우에는, 위험한 것으로 보인다. 폭발로 인해 방출된 방사능이 전 세계로 퍼져 나가며, 느리지만 누적적인 피해를 초래할 수도 있기 때문이다.

제어된 핵융합

아무리 융합 폭탄이 막대한 양의 에너지를 방출하는 데 효과적일지라도, 융합 발전소를 이야기할 때 우리가 염두에 두는 것은 그것이 아니다. 융합 폭탄의 에너지는 한꺼번에 방출되며 그 유일한 기능은 완전한 파괴이다. 우리가 원하는 것은 낮고 일정한 속도로, 그리고 인간 조작자가 제어할 수 있는 속도로 융합 에너지를 생산하는 것이다.

예를 들어, 태양은 지름이 86만 6천 마일에 이르는 거대한 융합로이지만, 그것은 '제어된' 융합로이다. 비록 그 제어가 비인격적인 자연 법칙에 의해 이루어지고 있을 뿐이지만 말이다. 태양은 에너지를 매우 안정적이고 느린 속도로 방출한다. (물론 인간의 기준으로 보면 그 속도가 느리다고는 할 수 없지만, 별들은 때때로 훨씬 더 격변적인 방식으로 에너지를 방출하기도 한다. 그 결과가 바로 '초신성' 현상인데, 이때는 단 하나의 별이 잠시 동안 평소보다 '1조 배'에 달하는 에너지를 방출하게 된다.)

태양(또는 어떤 별이든)이 정상적인 속도로 에너지를 방출할 수 있는 이유는, 그 막대한 질량이 주는 이점 덕분에 제어되고 안정적인 출력을 유지할 수 있기 때문이다. 수소를 주성분으로 하는 거대한 질량은, 그에 걸맞은 강력한 중력장을 통해 스스로를 중심부로 압축하며 엄청난 밀도와 온도를 만들어낸다. 이로써 융합 반응이 점화된다. 동시에, 그러한 중력장은 융합에 의해 팽창하려는 태양을 견고하게 잡아 두는 역할도 수행한다.

과학자들이 아는 한, 충분한 질량 없이 높은 중력장을 집중시키는 방법은 존재하지 않는다. 따라서 지구에서의 제어된 핵융합은 중력의 도움 없이 이루어져야만 한다. 그러나 강력한 중력이 없다면 태양 중심부 수준의 밀도와 온도를 동시에 만들어낼 수는 없다. 둘 중 하나를 포기해야만 한다.

전반적으로 볼 때, 밀도를 높이는 것보다 온도를 높이는 데 훨씬 적은 에너지가 들며 훨씬 실현 가능성이 높다. 이런 이유로 물리학자들은 핵 시대 내내 희박한 수소 기체를 엄청난 온도로 가열하려 시도해왔다. 기체가 희박하면 원자핵들 사이의 거리가 멀어져 서로 충돌하는 초당 횟수가 훨씬 줄어든다. 따라서 융합 점화를 이루기 위해서는 태양 중심부보다 훨씬 더 높은 온도가 필요하다.

1944년 페르미는 지상 조건에서 수소-3과 수소-2의 융합 점화를 위해서는 5천만 도의 온도가 필요할 수 있으며, 수소-2만을 융합시키려면 4억 도가 필요하다고 계산했다. 태양에서 일어나는 수소-1 융합을 점화시키려면(이 융합은 겨우 1,500만 도에서 일어난다), 물리학자들은 온도를 10억 도 이상까지 끌어올려야 할 것이다.

이렇게 보면, 어떤 방식으로든 수소-3을 사용하는 것이 거의 필수적으로 보인다. 설령 처음부터 대량으로 준비할 수 없다고 하더라도, 수소-3은 리튬에 중성자를 충돌시켜 형성할 수 있으며, 이 중성자는 융합 반응을 통해 생성된다. 이런 방식으로, 리튬과 수소-2, 그리고 소량의 수소-3을 함께 사용하는 것으로 시작할 수 있다. 수소-3은 사용되는 속도만큼 생성되므로, 반응이 계속 유지될 수 있다. 태양에서와 마찬가지로 제어된 핵융합 반응에서는 결국 수소가 헬륨으로 전환되지만, 인간이 통제하는 상황에서는 반응의 개별 단계들이 태양 내부에서 벌어지는 그것들과는 상당히 다르다.

그럼에도 불구하고, 수소-3에 필요한 온도조차도 여전히 엄청난 문제를 안고 있다. 왜냐하면 단지 그 온도에 도달하는 것만으로는 충분하지 않고, 일정 시간 동안 그 온도를 유지해야 하기 때문이다. (종잇조각을 촛불 위로 빠르게 통과시키면 불이 붙지 않는다. 짧은 시간이라도 촛불에 머무르게 해야 종이가 가열되어 불이 붙을 기회를 얻을 수 있다.)

영국의 물리학자 존 로슨(John Lawson, 1923~2008)은 1957년에 이러한 조건들을 계산해냈다. 유지해야 하는 시간은 기체의 밀도에 따라 달랐다. 기체의 밀도가 높을수록, 필요한 온도를 유지해야 하는 시간은 더 짧아졌다. 예를 들어 기체의 밀도가 공기보다 약 10만 배 높다면, 가장 유리한 조건 하에서는 적절한 온도를 약 1천분의 1초 동안만 유지하면 된다.

수소를 아주 높은 온도로 가열하는 방법에는 여러 가지가 있다. 전류를 이용하거나, 자기장을 이용하거나, 또는 레이저 빔을 사용하는 등의 방식이 있다. 온도가 수만 도로 올라가면 수소 원자(또는 어떤 원자라도)는 분해되어 자유 전자와 벌거벗은 원자핵으로 나뉜다. 이러한 하전 입자들의 혼합체를 '플라즈마'라고 부른다.

물리학자들이 핵융합 에너지를 염두에 두고 아주 뜨거운 기체를 다루기 시작한 이래로, 이 '플라즈마'의 성질을 연구해야 했고, 그렇게 해서 '플라즈마 물리학'이라는 완전히 새로운 과학 분야가 생겨나게 되었다.

하지만 기체를 매우 높은 온도로 가열하면, 그것은 팽창하여 밀도가 낮아지고 결국 아무 쓸모 없을 정도로 희박해진다. 이런 초고온 기체를 엄청난 중력장 없이 고정된 부피 안에 어떻게 가둘 수 있을까?

당연한 해답은 용기 속에 넣는 것이다. 그러나 일반적인 물질로 된 용기는 뜨거운 기체를 담을 수 없다. 사람들은 흔히 이렇게 생각한다. '기체의 온도가 너무 높기 때문에, 그것을 담는 어떤 물질도 결국 녹거나 기화해버릴 것이다.' 하지만 사실은 그렇지 않다. 비록 기체의 온도는 매우 높지만, 기체 자체가 너무 희박해서 총열량은 거의 없다. 그러므로 고체 벽을 녹일 만큼의 열도 갖고 있지 않다. 실제로 일어나는 일은, 뜨거운 플라즈마가 고체 벽에 닿는 순간 바로 식어버리고, 플라즈마를 가열하려는 모든 시도가 물거품이 된다는 것이다.

게다가, 용기 벽면의 냉각 효과에도 불구하고 플라즈마를 계속 뜨겁게 유지하려고 막대한 에너지를 투입한다면, 결국 그 벽은 서서히 가열되어 녹아내릴 것이다. 그러나 벽이 실제로 녹아서 플라즈마가 탈출하게 되는 순간까지 기다릴 필요도 없다. 벽이 뜨거워지는 도중에도 소량의 원자가 플라즈마 속으로 방출되어 불순물로 작용하게 되며, 이는 핵융합 반응을 방해한다.

따라서 어떤 물질로 만든 용기도 사용할 수 없다.

다행히도, 플라즈마를 가두는 데에는 비물질적인 방법이 있다. 플라즈마는 전기를 띤 입자들의 혼합물이기 때문에 전자기적 상호작용을 겪게 된다. 플라즈마를 물질 용기에 담는 대신, 플라즈마를 제자리에 머무르게 할 수 있도록 설계된 자기장으로 둘러싸는 것이 가능하다. 이러한 자기장은 아무리 높은 열에도 영향을 받지 않으며, 물질적 불순물의 원인이 될 수도 없다.

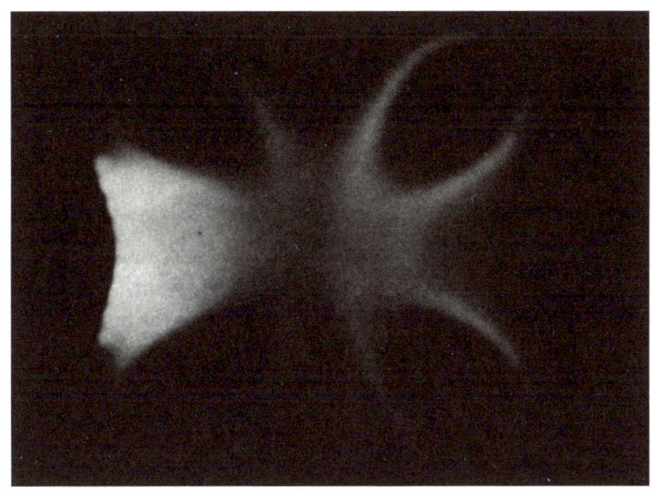

자기장 속 플라즈마

1934년, 미국의 물리학자 윌러드 베넷(Willard Bennett, 1903~1987)은 플라즈마를 둘러싼 자기장의 거동에 관한 이론을 세웠다. 이 현상은 자기장이 가스를 한데 모아 붙잡아 둔다는 뜻에서 '핀치 효과(pinch effect)'라고 불리게 되었다.

1951년, 영국의 물리학자 앨런 웨어(Alan Ware, 1924~2010)가 플라즈마를 가두고 궁극적으로 핵융합을 점화하려는 목적으로 핀치 효과를 이용한 첫 번째 시도를 했다. 이후 영국뿐 아니라 미국과 소련에서도 다른 물리학자들이 뒤를 이었다.

핀치 효과의 첫 활용은 플라즈마를 실린더 안에 가두는 방식이었다. 하지만 이 방식은 제대로 작동하지 않았다. 상황이 지

핵융합 연구에는 위에 보이는 스킬락(Scyllac) 기계처럼 거대한 기계들과 복잡한 장비들이 필요하다.

나치게 불안정했던 것이다. 플라즈마는 잠시 동안만 붙잡혔다가 곧 몸을 비틀며 무너져버렸다.

플라즈마의 불안정성을 제거하려는 시도가 이어졌다. 자기장이 실린더의 양 끝에서 다른 부분보다 더 강해지도록 설계된 것이다. 플라즈마 속 입자들이 실린더의 한쪽 끝이나 다른 쪽 끝을 향해 이동하면, 거기서 반사되어 되돌아오게 되는데, 이를

174

이른바 '자기 거울(magnetic mirror)'이라고 부른다.

1951년, 미국의 물리학자 라이먼 스피처 주니어(Lyman Spitzer, Jr., 1914~1997)는 용기를 8자 모양으로 비틀어놓았을 때 얻을 수 있는 이론적 이점을 계산해냈다. 이후 실제로 그런 장치들이 제작되었고, 별에서 일어나는 융합 반응과 같은 조건을 만들어낼 수 있기를 기대하며 라틴어로 '별'을 뜻하는 단어에서 따와 '스텔러레이터(stellarator)'라고 불렸다.

1950년대와 1960년대를 거치며 물리학자들은 목표를 향해 조금씩 전진해갔다. 점점 더 높은 온도에 도달했고, 그것을 점점 더 밀도가 높은 기체 속에서 점점 더 오랜 시간 동안 유지해내는 데 성공해갔다.

1969년, 소련은 '토카막-3(Tokamak-3)'이라는 장치를 사용하여 수소-2(중수소)를 공기 밀도의 백만 분의 일 수준으로 유지한 채, 수천만 도의 온도로 가열하여 백 분의 일 초 동안 유지하는 데 성공했다. '토카막'이라는 이름은 러시아어로 '전기-자기'를 뜻하는 표현에서 따온 약자다.

조금만 더 밀도가 높아지고, 조금만 더 온도가 올라가고, 조금만 더 오랫동안 유지된다면 제어된 핵융합이 실현될 수도 있을 것이다.

핵융합을 넘어서 BEYOND FUSION

반물질

핵융합 너머에는 어떤 것이 있을까?

수소가 융합되어 헬륨이 될 때, 원래 수소 질량의 단 0.7%만이 에너지로 전환된다. 그렇다면 어떤 물질을 완전히, 조금도 남김없이 전부 에너지로 바꿀 수는 없을까? 만약 가능하다면, 그것은 분명 최고의 에너지원이 될 것이다. 질량 대비로 따지면, 수소융합보다 140배나 더 많은 에너지를 낼 수 있을 것이다. 이것은 수소융합이 우라늄 핵분열을 뛰어넘는 것만큼이나 수소융합을 뛰어넘는 것이 될 것이다.

그리고 사실, 어떤 상황에서는 물질이 완전히 소멸하는 것이 이론적으로 가능하다는 점에서 주목할 만하다.

1928년, 영국의 물리학자 폴 디랙(Paul Dirac, 1902~1984)은 전자의

성질을 다룬 이론을 발표했는데, 이 이론에 따르면 전자와 모든 면에서 똑같지만 전하만 반대인 입자가 존재해야 할 것처럼 보였다. 즉, 전자의 음전하만큼 정확히 같은 크기의 양전하를 지닌 입자가 있어야 한다는 것이다.

전자가 하나의 입자라면, 이처럼 양전하를 지닌 쌍둥이는 '반입자(antiparticle)'가 될 것이다. (접두사 'anti-'는 그리스어로 '반대의'를 의미한다.)

양전하를 가진 입자라고 해서 모두 전자의 반입자는 아니다. 예를 들어, 양성자는 전자와 반대되는 전하(양전하)를 지니고 있긴 하지만, 질량이 전자보다 훨씬 크다. 디랙의 이론에 따르면, 어떤 입자의 반입자는 그와 정확히 같은 질량을 가져야 하므로, 양성자는 전자의 반입자가 될 수 없다.

1932년 C. D. 앤더슨은 우주선 입자들이 납에 충돌할 때 나타나는 효과를 연구하고 있었다. 그 과정에서 그는 전자와 똑같은 궤적을 남기지만, 자기장 속에서 반대 방향으로 휘는 자취를 발견했다. 이는 전자와 전기적 성질이 정반대인 입자임을 분명하게 보여주는 증거였다. 요컨대 그는 전자의 반입자를 발견한 것이며, 이 입자는 나중에 양전자(positron)라고 불리게 되었다.

양전자는 곧 다른 곳에서도 발견되기 시작했다. 퀴리 부부와 다른 과학자들이 실험실에서 만들어낸 몇몇 방사성 동위원소들은 전자가 아닌 양의 베타 입자, 즉 양전자를 방출하는 것으로 밝혀졌다. 일반적인 베타 입자, 즉 전자가 원자핵에서 방출될 때는 그 안의 중성자가 양성자로 바뀐다. 반면 양의 베타 입자인 양전자가 방출될 경우에는 그 반대의 일이 일어난다. 즉, 양성자가 중성자로 바뀌는 것이다.

양전자는 형성된 직후에도 오래 지속되지 않는다. 주변은 전자를 포함한 원자들로 가득 차 있기 때문에, 양전자는 수백만 분의 1초 이상 움직이지 못하고 결국 그 중 하나의 전자와 마주치게 된다. 이때 양전자는 자신과 반대 전하를 띤 전자와 끌어당기는 힘을 받게 되고, 둘은 잠시 서로를 중심으로 회전하면서 '포지트로늄(positronium)'이라는 결합 상태를 이룰 수도 있다. 그러나 이는 매우 짧은 순간에 불과하다. 곧 두 입자는 충돌하고, 서로 반대되는 존재이므로 각각을 상쇄시킨다.

이처럼 전자와 양전자가 만나 서로를 소멸시키는 과정을 '상호 소멸'이라고 부른다. 하지만 이로 인해 모든 것이 사라지는 것은 아니다. 질량이 사라지는 대신 그와 동등한 양의 에너지가 생성되며, 이 에너지는 하나 또는 그 이상의 감마선 형태로 나타난다.

(이 과정은 반대로도 작용한다. 충분한 에너지를 지닌 감마선은 전자와 양전자로 변환될 수 있다. 이러한 현상을 '쌍생성'이라고 하며, 1930년경에 이미 관측되었지만 양전자가 발견된 이

후에야 제대로 이해되었다.)

물론 전자와 양전자의 질량은 매우 작기 때문에, 전자 하나당 방출되는 에너지의 양도 그리 크지는 않다. 그럼에도 디랙의 반입자 이론은 전자에만 국한된 것이 아니었다. 그의 이론에 따르면, 모든 입자에는 그에 상응하는 반입자가 존재해야 한다. 예를 들어, 양성자에는 이에 해당하는 '반양성자'가 존재해야 하며, 이는 양성자와 질량은 같지만 전하는 정확히 반대 — 즉 음전하 — 를 띠어야 한다.

반양성자는 양전자의 1,836배나 되는 질량을 가진다. 따라서 양전자-전자 쌍을 만들 때보다 1,836배나 더 큰 에너지를 지닌 감마선이나 우주선이 있어야 반양성자-양성자 쌍이 만들어질 수 있다. 그러한 에너지를 지닌 우주선 입자도 존재하긴 하지만 매우 드물기 때문에, 마침 그런 초고에너지 우주선이 반양성자-양성자 쌍을 생성하는 순간에 누군가가 입자 검출기를 가지고 그 자리에 있어야만 그것을 포착할 수 있었고, 이는 극히 희박한 일이었다.

1950년대 초, 물리학자들은 마침내 양성자-반양성자 쌍을 생성할 만큼 충분한 에너지를 낼 수 있는 입자 가속기를 설계하는 데 성공했다. 이러한 성과는 1952년 뉴욕 롱아일랜드에 있는 브루크헤이븐 국립연구소에서 '코스모트론(Cosmotron)'이라는 장치가 건설되고, 이어 1954년 캘리포니아 대학교 버클리 캠퍼

스에 '베바트론(Bevatron)'이 세워지면서 가능해졌다.

1956년, 베바트론을 이용해 테크네튬의 발견자였으며 당시에는 미국으로 이주한 에밀 세그레(Emilio Segre)와, 미국 물리학자 오언 체임벌린(Owen Chamberlain, 1920~2006) 등이 주도한 연구팀이 마침내 반양성자의 존재를 검출하는 데 성공했다.

반양성자는 양전자와 마찬가지로 오래 지속되지 않았다. 그 주위에는 수없이 많은 양성자를 포함한 원자핵들이 있었고, 아주 짧은 시간 안에 그 중 하나와 마주치게 되었다.

반양성자와 양성자는 서로 상쇄되는 '상호 소멸'을 일으켰는데, 이들은 전자와 양전자의 경우보다 1,836배나 더 무거운 질량을 가지고 있었기에, 이 상호 소멸을 통해 방출되는 에너지도 1,836배나 많았다.

1956년에는 심지어 '반중성자'도 보고되었다. 이 입자는 이탈리아계 미국인 물리학자 오레스테 피초니(Oreste Piccioni, 1915~2002)와 그의 동료들에 의해 발견되었다. 중성자는 전하가 없기 때문에, 반중성자 역시 전하가 없으며, 그렇다면 어떻게 둘을 구분할 수 있을지 의문이 생길 수 있다. 실제로 두 입자 모두 매우 미약한 자기장을 가지고 있는데, 중성자의 경우 이 자기장이 그 스핀 방향을 기준으로 한쪽 방향으로 향하고 있는 반면, 반중성자의 자기장은 그 반대 방향으로 향한다.

1965년, 미국 물리학자 레온 레더만(Leon Lederman 1922~2018)과

그의 동료들은 반양성자와 반중성자를 결합시켜 '반중수소-2의 원자핵'에 해당하는 '반듀테론(antideuteron)'을 만들어내는 데 성공했다.

이 사실은 다음과 같은 점을 충분히 입증해준다. 만약 반입자들이 주변의 일반 입자들과 방해받지 않고 독립적으로 존재할 수 있다면, 그것들은 '반물질(antimatter)'을 형성할 수 있다는 것이다. 이 반물질은 전기적 전하와 자기장의 방향이 뒤바뀐다는 점을 제외하면, 모든 면에서 일반 물질과 정확히 동일한 특성을 지닌다. 만약 우리가 반물질을 손에 넣을 수 있고, 그것이 물질과 결합하는 방식을 통제할 수 있다면, 우리는 수소 융합보다 훨씬 더 크고, 어쩌면 더 단순하게 생산할 수 있는 에너지원을 가지게 될 것이다.

물론 지구상에는 반물질이 존재하지 않는다. 막대한 에너지가 투입될 때 극히 미세한 양이 생성되긴 하지만, 어디까지나 아원자 수준에 불과하다. 또한 반물질을 상호 소멸에서 얻어지는 에너지보다 적은 에너지를 들여 만들어내는 방법은 아직 누구도 알지 못한다. 그렇기 때문에 반물질로부터 에너지 이득을 얻는 일은 인류에게 결코 가능하지 않다고 말할 수도 있다.

하지만 어떤 형태든 핵에너지를 이용하는 것은 결코 가능하지 않다고 했던 러더퍼드의 예언을 떠올린다면, 어느 것도 비관적으로 단정하기는 어렵다.

미지의 영역

물리 이론에 따르면, 우주에는 입자와 반입자가 동일한 양으로 존재해야 할 것처럼 보인다. 그러나 지구상에는(그리고 확실히 태양계 전체에서도, 아마도 우리 은하계 전체에서도) 양성자, 중성자, 전자는 흔한 반면, 반양성자, 반중성자, 양전자(포지트론)는 극히 드물다.

그렇다면 우주가 처음 형성되었을 때는 정말로 입자와 반입자가 동등한 양으로 존재했지만, 이후 어떤 방식으로든 서로 분리되었을 가능성은 없을까? 예를 들어, 각각은 은하와 '반은하(反銀河)'로 나뉘어 존재하게 되었을지도 모른다. 만약 그렇다면, 가끔씩 은하와 반은하가 충돌하면서, 우주적 규모의 상호 소멸이 일어나 막대한 양의 에너지가 방출될 수 있을 것이다.

실제로 하늘에는 방사선의 양과 에너지가 유난히 높은 장소들이 존재한다. 우리가 지금 그러한 거대한 상호 소멸 현상을 목격하고 있는 것일까?

실제로, 우리가 앞으로도 새로운 종류의 힘과 새로운 에너지

원들을 발견하게 될 가능성이 전혀 없다고 단정할 수는 없다. 1900년 무렵까지도 아무도 핵에너지의 존재를 예상하지 못했다. 그렇다면 지금 우리가 핵에너지가 끝이라고, 그보다 더 미묘하면서도 더 거대한 어떤 형태의 에너지가 존재하지 않는다고 확신할 수 있을까?

예를 들어, 1962년에는 매우 멀리 떨어진 우주 공간에서 '퀘이사(quasar, 準星)라 불리는 수수께끼 같은 천체들이 발견되었다. 이들은 우리로부터 10억 광년 이상 떨어져 있으며, 각각이 보통 은하 전체보다 10배에서 100배나 더 밝게 빛난다. 그럼에도 불구하고, 그 크기는 은하의 10만 분의 1밖에 되지 않을 수 있다. 이는 마치 지름이 겨우 10마일(약 16km)에 불과한 물체 하나가 태양 100개만큼의 총광량을 내는 것과 비슷한 현상이다.

그처럼 엄청난 에너지가 도대체 어디에서 나오는 것인지, 그리고 왜 그렇게 작은 부피에 집중되어 있는지 이해하기는 매우 어렵다. 천문학자들은 현재 알려진 네 가지 상호작용 — 중력, 전자기력, 강한 핵력, 약한 핵력 — 의 범주 안에서 이를 설명하려 시도해왔다. 그러나 어쩌면 이 네 가지보다 더 강력한 다섯 번째 힘이 존재하는 것은 아닐까? 만약 그렇다면, 언젠가 인류의 끊임없는 탐구 정신이 그것을 이해하고, 심지어 활용할 수 있게 될 가능성도 전혀 없지는 않은 것이다.

■ 부록 ■

아시모프 이후의 핵과 입자과학의 전개

이 책이 집필되던 시기에는 핵분열과 반물질의 발견이 현대 물리학의 가장 큰 성취로 여겨졌다. 그러나 그 후의 과학은 훨씬 넓은 세계를 드러냈다. 핵물리와 입자물리, 우주론과 에너지 연구는 아시모프가 정리해 놓은 범위를 훌쩍 넘어섰고, 그가 마지막 장에서 던졌던 질문 — "핵에너지가 과연 최종 형태일까?" — 에 대해 과학은 새로운 답을 찾아가기 시작했다. 아래의 내용은 이 책의 주제와 직접 이어지는 영역 중, 그 이후에 이뤄진 주요 발견과 성과를 간략히 정리한 것이다.

1. 중성미자 연구의 비약적 발전

아시모프 시대에는 존재만 간신히 추측되던 중성미자는 이후 여러 실험을 통해 실제로 검출되었고, 나아가 서로 다른 종류로 변환되는 진동 현상이 밝혀졌다. 이는 중성미자가 일정한 질량을 가진다는 뜻이며, 기존 이론을 넘어서는 새로운 물리의 가능성을 열어 주었다.

2. 입자물리학의 표준모형 정립

1960년대 이후 많은 입자가 차례로 발견되면서 자연의 기본 구성 요소와 그 상호작용을 통합적으로 설명하는 표준모형이 구축되었다. 전약력의 매개입자인 W와 Z 보손, 강력의 전달자인 글루온, 탑쿼크, 그리고 2012년에 발표된 힉스 보손의 발견까지 이어지며 핵과 에너지를 이해하는 이론적 기반이 거의 완성되었다.

3. 반물질 연구의 실제적 진전

양전자의 발견에서 한 걸음 더 나아가, 실험실에서 반수소가 만들어지고 일정 시간 가두어 둘 수 있게 되었다. 반물질이 중력에서 어떻게 움직이는지에 대한 실험도 이루어져, 반물질이 중력에 의해 위로 뜬다는 오래된 가능성 역시 부정되었다. 반물질은 여전히 에너지원으로서 이용하기는 어렵지만, 그 성질을 직접 실험으로 조사할 수 있는 단계에 이르렀다.

4. 핵융합 연구의 새로운 단계

초기의 핵융합은 폭탄에서만 가능했지만, 이후 고온 플라즈마를 안정적으로 가두는 기술이 발전하면서 통제된 핵융합에 가까워졌다. 토카막 방식이 확립되었고, 여러 실험로가 에너지 생산 조건에 접근했다. 2020년대에는 레이저 핵융합 실험에서 투입 에너지보다 출력이 큰 결과가 보고되어, 실용적 핵융합의 가능성이 한층 높아졌다.

5. 원자로 기술의 다양화

우라늄과 플루토늄, 토륨 등을 활용하는 여러 연료 주기가 개발되었고, 에너지 생산뿐 아니라 연구·의료·우주선 추진 등 다양한 목적의 원자로가 등장했다. 최근에는 소형 모듈형 원자로와 용융염 원자로 등이 차세대 기술로 주목받고 있다.

6. 암흑물질과 암흑에너지의 발견

20세기 말, 천문학과 우주론에서 예기치 않은 두 가지의 발견이 이루어졌다. 하나는 눈에 보이지 않지만 중력으로만 존재를 드러내는 암흑물질이며, 다른 하나는 우주의 팽창을 가속시키는 암흑에너지이다. 이 두 요소는 우주 전체에서 차지하는 비율이 지배적이며, 인류가 파악한 물질과 에너지는 그 중 극히 일부에 불과하다는 사실이 드러났다.

아시모프가 말한 '더 미묘하고 더 큰 에너지'가 실제로 존재할 가능성을 암시하는 발견이다.

7. 우주적 핵반응과 중력파의 관측

핵반응의 기원을 우주적 규모에서 이해하는 데에도 중요한 진전이 있었다. 블랙홀이나 중성자별의 충돌에서 나오는 중력파가 실제로 관측되었고, 중성자별 병합이 금, 백금과 같은 무거운 원소의 생성에 깊이 관련되어 있음이 확인되었다. 핵에너지가 단지 지구상의 현상이 아니라 우주의 구성과 진화에 직접 관련된 주제임이 한층 분명해진 셈이다.

핵에너지 이후의 에너지

이 책이 처음 집필되었을 때, 핵분열은 인류가 손에 넣은 가장 강력한 에너지원이었고, 핵융합은 아직 실현되지 않은 가능성으로만 남아 있었다. 이후 여러 기술적 진전이 있었지만, 핵융합은 여전히 안정적이고 경제적인 방식으로 에너지를 만들어 내지 못하고 있다. 현재까지 실질적으로 이용 가능한 에너지원 가운데 핵분열이 가장 강력하다는 사실은 변함이 없다.

그러나 이것이 곧 핵에너지가 에너지의 최종 형태라는 뜻은 아니다. 현대 과학은 핵에너지를 넘어서는 새로운 형태의 에너지를 실용화하지는 못했지만, 우주에는 인류가 아직 이해하지 못하는 훨씬 더 큰 규모의 에너지 형태가 존재한다는 사실을 드러냈다. 그 대표적인 예가 암흑물질과 암흑에너지이다.

암흑물질은 우주 전체 물질의 대부분을 이루지만 그 정체는 여전히 밝혀지지 않았고, 암흑에너지는 우주의 가속 팽창을 일으키며 우주 에너지의 대부분을 차지하는 것으로 추정된다. 이 두 존재는 현재의 원자력보다 훨씬 큰 에너지 규모를 지니고 있

지만, 인류는 아직 그것을 이용하거나 조작할 방법을 알지 못한
다.

따라서 핵에너지가 가장 거대한 에너지원이라는 사실은 현재
까지의 기술적 관점에서는 옳지만, 우주 전체의 관점에서는 부
분적인 진실에 그친다. 인류는 아직 핵융합을 완전히 통제하지
못했고, 핵분열을 넘어서는 새로운 에너지원도 실용화하지 못
했다. 그럼에도 우주의 구조는 우리가 아직 발견하지 못한, 혹
은 이해하지 못한 에너지 형태가 존재할 가능성을 강하게 시사
한다. 이 점에서 아시모프가 던졌던 질문 — "핵에너지가 최종
일까?" — 은 오늘날에도 여전히 유효하며, 앞으로의 과학이 풀
어야 할 중요한 문제로 남아 있다.